你家后院有恐龙吗

恐龙世界探秘记

李建军　岑道一 —————— 著

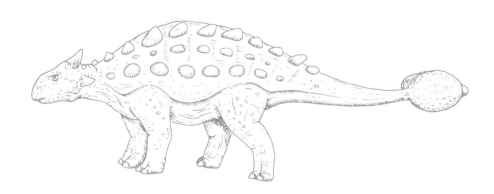

上海科学技术文献出版社

Shanghai Scientific and Technological Literature Press

图书在版编目（CIP）数据

你家后院有恐龙吗：恐龙世界探秘记 / 李建军，岑道一著．
—上海：上海科学技术文献出版社，2021
ISBN 978-7-5439-8303-8

Ⅰ．①你…　Ⅱ．①李…②岑…　Ⅲ．①恐龙—普及读物　Ⅳ．
① Q915.864-49

中国版本图书馆 CIP 数据核字 (2021) 第 052259 号

选题策划：张　树
责任编辑：王　珺
封面设计：留白文化

你家后院有恐龙吗：恐龙世界探秘记
NIJIA HOUYUAN YOU KONGLONG MA: KONGLONG SHIJIE TANMI JI
李建军　岑道一　著
出版发行：上海科学技术文献出版社
地　　址：上海市长乐路 746 号
邮政编码：200040
经　　销：全国新华书店
印　　刷：上海新开宝商务印刷有限公司
开　　本：787mm×1092mm　1/16
印　　张：10
版　　次：2021 年 5 月第 1 版　2021 年 5 月第 1 次印刷
书　　号：ISBN 978-7-5439-8303-8
定　　价：78.00 元
http://www.sstlp.com

前　言

恐龙是人们十分熟悉而又陌生的动物。

说熟悉是因为恐龙的名字家喻户晓，人人皆知。很多人都能说上几个恐龙的名字，特别是孩子们，说起恐龙的名字来更是如数家珍。我退休以后，经常到学校中去讲恐龙的知识。当让学生们说出几个恐龙的名字来时，大家都争先恐后！霸王龙、暴龙、剑龙、三角龙、异特龙、翼龙、鱼龙、迅猛龙、雷龙、梁龙、蛇颈龙等很多龙的名字层出不穷。但是，且慢！这上面提到的好几个龙，其实并不是恐龙！

说它陌生是因为谁也没有见过活着的恐龙。尽管在电视上、书本上有各种各样的恐龙形象，但那毕竟是科学家和艺术家根据恐龙化石的骨骼结构，再加上想象而"创作"出来的形象。

恐龙和早期的哺乳动物同时出现在2亿多年以前。很快，恐龙就先声夺人，迅速发展，占据了大量的陆地环境资源，而哺乳动物在整个中生代一直都在恐龙生活的缝隙中寻觅生机。恐龙是一群十分奇特的动物，曾经在地球上称王称霸。它们有的十分庞大，有的样子特别古怪，但是有的恐龙也并不很大，最小的恐龙只有鸡那么大。

在科学分类上，恐龙属于爬行动物。但是，恐龙根本不"爬行"。它们能够直立行走。那么，为什么非得把恐龙叫作爬行动物呢？因为恐龙下蛋，生物学上叫作"卵生"，同时，大多数恐龙都属于冷血动物，它们的牙齿还是同型齿，这些都是爬行动物的特征！所以，恐龙虽然不爬行，但是在生物学分类上还归属于爬行动物的范畴。恐龙刚刚被发现的时候，由于它们

的身体特征和蜥蜴差不多，所以，恐龙被叫作"恐怖的巨大蜥蜴"。可是中国科学家却把这个词翻译成"恐龙"！于是，"恐龙"一词在中国迅速传播开来并被广泛关注。想象一下，如果中国科学家当时没有打破条条框框，按照原意翻译成"恐怖大蜥蜴"，或者"恐蜥"，想来今天它们可能不至于如此火爆！

恐龙在地球上生活了一亿六千多万年的时间！如果把整个地球的历史比作一天的话，恐龙相当于在这一天中生活了47分钟，而我们人类到现在只生存了几秒钟！可见恐龙是一类十分成功的动物。可是如此成功的动物却在6600万年前突然全部灭绝！给我们留下了千古之谜！

目　录

地球和生命简史

对于我们人类来说，恐龙已经是很早很早以前生活的动物了。但是，用整个地球历史的眼光来看，生命发展到恐龙时期已经进入很高级的阶段了，恐龙是离我们很近的古生物。恐龙灭绝的时间是6600万年以前！不过这个数字太大了！对于不搞地质和天文的人来说，这个数字很难记住。如果，我们把地球的历史比作一天24小时，那些重要的地质事件是在一天中几点几分发生的，大家就容易记忆了。所以，在这里我们把地球的历史压缩到一天——地球在0点0分0秒形成，现在是午夜24点。那么：

一天时间	地质时间	事件
0：00：00	46亿年前	地球形成
0：31：18	45亿年前	月球形成
2：05：13	42亿年前	原始海洋形成
3：07：48	40亿年前	太古宙开始
5：13：02	36亿年前	最早的生命出现
10：57：23	25亿年前	元古宙开始，大氧化事件
13：33：55	20亿年前	真核生物出现
17：44：21	12亿年前	多细胞生物（绿藻）出现
19：18：16	9亿年前	多细胞动物出现
20：52：10	6亿年前	地球历史上第一次大冰期——雪球事件，臭氧层形成
20：58：26	5.8亿年前	瓮安动物群
21：04：42	5.6亿年前	埃迪卡拉动物群
21：07：50	5.5亿年前	第一次生物大灭绝事件
21：10：57	5.4亿年前	显生宙古生代寒武纪开始，寒武纪大爆发
21：14：05	5.3亿年前	澄江动物群
21：26：16	5.2亿年前	加拿大布尔吉斯动物群
21：28：5.9	4.85亿年前	奥陶纪开始
21：40：56	4.44亿年前	志留纪开始，第二次生物大灭绝事件
21：48：46	4.19亿年前	泥盆纪开始，陆地植物出现

一天时间	地质时间	事件
21：57：55	3.9 亿年前	脊椎动物登陆
22：07：17	3.59 亿年前	石炭纪开始，第三次生物大灭绝
22：26：21	2.99 亿年前	二叠纪开始
22：41：4.4	2.52 亿年前	规模最大的一次生物灭绝事件古生代结束 中生代三叠纪开始，超级大陆
22：48：00	2.3 亿年前	恐龙出现 哺乳动物出现
22：57：2.8	2.01 亿年前	第五次生物大灭绝事件，侏罗纪开始
23：14：35	1.45 亿年前	白垩纪开始
23：39：19.7	6600 万年前	恐龙灭绝 中生代结束——第六次生物大灭绝事件，新生代古近纪开始
23：52：47.8	2300 万年前	新近纪开始
23：57：49	700 万年前	古人类出现
23：59：11.5	258 万年前	第四纪开始
23：59：51	50 万年前	北京猿人
23：59：59.8	1 万年前	猛犸象灭绝
23：59：59.9	5 千年前	人类文明开始
24：00：00	0	现在

宇宙大爆炸

　　根据量子力学的理论：一开始没有宇宙，没有时间。在137亿年以前，形成了一个温度极高、密度极大的由最基本粒子组成的"原点"。根据现代物理学的解释，这个点在一瞬间迅速膨胀，形成大爆炸。这就是人们常说的宇宙大爆炸。大爆炸后，巨大的能量转换成各种物质。由于温度极高，所有物质都以气体形式存在。随着温度的下降，气体逐渐凝聚成星云，星云演化成各种天体，形成今天的宇宙。大爆炸产生的能量还维持着宇宙继续膨胀。

　　科学家是怎样知道宇宙在膨胀的呢？

　　我们每个人都有类似的经历：当鸣笛的汽车或者火车从我们的身边疾驰而过的时候，我们听到的笛声是变调的。当汽车或者火车向着我们驶来的时候，我们听到的笛声是越来越尖锐的，而远去时的声音则越来越粗。实际上，当车向我们驶来的时候，我们听到的笛声的波长在变短，而当车远去的时候，波长在变长。这就是著名的多普勒效应。

　　在可见光中，光波是按照赤、橙、黄、绿、青、蓝、紫的顺序排列的并且越来越短。当我们观察星空的时候，如果恒星向着我们地球的方向飞过来，我们就会观察到这颗星星发出的光波越来越短，光向着紫光方向移动，叫作"紫移"；当星星远去的时候，星光的光波就会越来越长，光向着红色方向移动，叫作"红移"。科学家现在观察到，除了太阳以外，所有的恒星都在"红移"，也就是说所有的恒星都在远离我们而去，宇宙还在膨胀！

【小知识】多普勒效应　物体辐射的波长因为光源和观测者的相对运动而产生变化，在运动的波源前面，波被压缩，波长变得较短，频率变得较高；在运动的波源后面，则产生相反的效应，波长变得较长，频率变得较低，波源的速度越高，所产生的效应越大。根据光波红/蓝移的程度，可以计算出波源循着观测方向运动的速度，恒星光谱线的位移显示恒星循着观测方向运动的速度。

宇宙大爆炸

地球的起源

我们生活的地球是太阳系中的一颗行星，清楚了太阳系的起源，就能知道地球的起源了。

宇宙大爆炸后，整个宇宙一直在膨胀，密度和温度不断降低。在这个过程中形成了一些化学元素（原子核），然后形成由原子、分子构成的气体物质，气体物质又逐渐凝聚成星云，星再组合产生各种天体，逐渐形成了许多星系。我们的太阳系就是由一团星云形成的。

A 实际上，一团星云是由很多天体（石块、气体和尘埃等）组成的。根据万有引力定律，在星云中，这些天体会相互吸引，向中心聚集，并开始旋转……

B 在旋转过程中，质量大的天体会将一些小的碎块吸引到自己身上来，使个体大的天体变得更大。这个过程会使整个旋转的星云变成圆盘状……

C 绝大部分物质集中到旋转中心，形成太阳。在太阳周围那些相对大一些天体也在一边围绕着太阳旋转，同时吸引自己周围的小天体和尘埃，形成八大行星……

D 逐渐地，八大行星周围的宇宙物质越来越少，八大行星上面的陨石撞击也越来越少，演化成今天的样子。所以，八大行星都是以相同的方向围绕着太阳旋转……

我们的地球就是其中围绕太阳旋转的一颗行星。

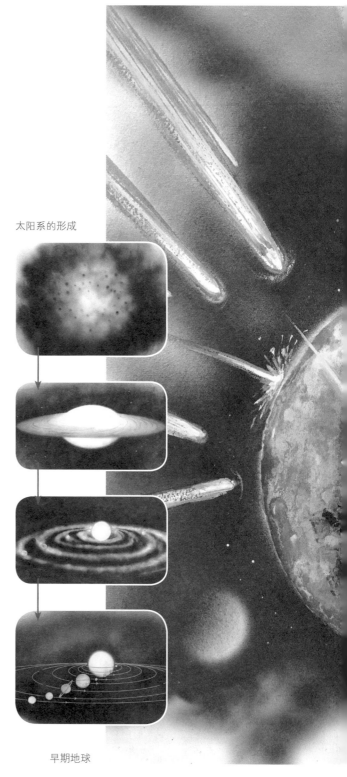

太阳系的形成

早期地球

地球初期

早期地球

地球形成初期，地球周围还有很多小天体不断被地球吸引，形成陨石降落到地球上。陨石从天而降，撞击地球表面，巨大的动能转化成热能，使地球温度升高，岩石溶化岩浆奔涌，整个地球变成了一个岩浆球。

岩浆中包含的气体大量涌向空中。当时从岩浆中喷涌出来的气体是不含氧气的，但是富含水蒸气。随着温度的下降，这些水蒸气冷凝形成水又降回到地面上来，形成一次"万年大雨"！雨水降落到地面上形成了最原始的海洋。这时的海水还不太咸！

除了水蒸气以外，岩浆中还喷发出来许多别的气体，比如氢、氦、二氧化碳、硫化氢、氮气、氨气、一氧化碳等，这些气体组成了最原始的大气。原始大气和现在的大气最明显的区别就是没有氧气！所以当时地球上没有生命。我们现在大气层中的氧气完全是地球上的自养生物进行光合作用制造出来的。后面会提到，地球上最初的氧气来源于原核生物蓝藻和细菌组成的叠层石生物群所进行的光合作用而产生的。

地球的圈层构造

地球形成初期，在岩浆翻滚过程中，地球岩浆中重的物质向地球中心聚集，形成地核。轻的物质围绕在地核外部，形成地幔。随着温度的下降，地球表面的岩浆逐渐凝固，形成原始的地壳。于是，地核在中间，外面包裹着地幔，再外面是"薄薄"一层地壳，地球表面有河流和海洋，外面还有大气层。从地球解剖结构来看，这些不同的部分都是一圈一圈的。所以，科学家称其为"地球的圈层构造"。这就是我们常常听到"岩石圈""水圈""大气圈"的来历。由于生物都生活在地球表面，或接近表面的地方，又衍生出"生物圈"的概念。

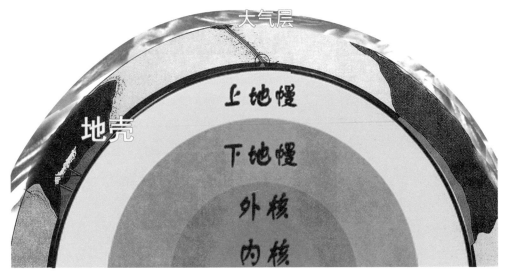

地球的圈层构造

地壳包裹着整个地球，即使在海洋下面，也有地壳，叫作洋壳。地壳中有许多裂缝，地下的岩浆从裂缝中涌出，就会形成火山喷发和地震。地壳平均厚度为17千米，其中洋壳平均厚度9千米。陆地的地壳要厚一些，平均33千米，最厚的地方在喜马拉雅山地区，厚度达到了100多千米。

在地质历史中，地球表面的大陆是一直不停地在移动着，海洋的形成也在不断地变化着。就在地球不断变化的过程中，最早的生命在35亿年以前出现在海洋中，当时的地质历史还属于太古宙。经过漫长的演化，现在，无论是海洋里还是陆地上，到处充满了生机。

地质历程螺旋图
GEOLOGICAL HISTORY

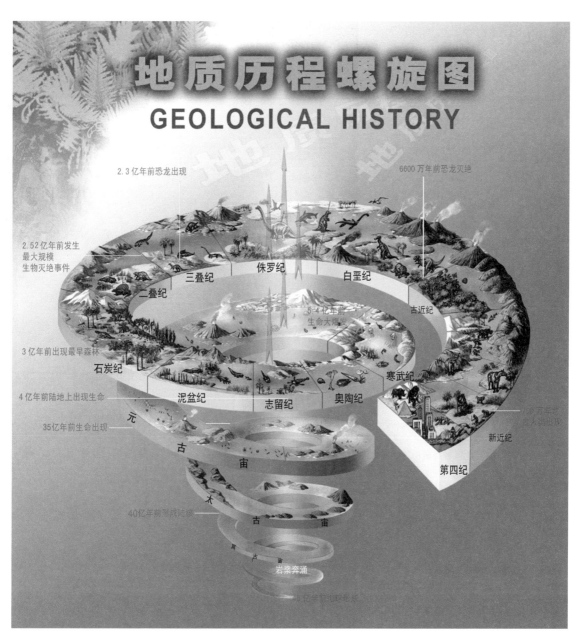

2.3亿年前恐龙出现

6600万年前恐龙灭绝

2.52亿年前发生
最大规模
生物灭绝事件

二叠纪　　三叠纪　　侏罗纪　　白垩纪

古近纪

5-4亿年前
生命大爆发

3亿年前出现最早森林

石炭纪　　泥盆纪　　志留纪　　奥陶纪　　寒武纪

4亿年前陆地上出现生命

元

35亿年前生命出现

古

宙

太

40亿年前形成岩浆

古

宙

冥

古

宙

新近纪

第四纪

岩浆奔涌

地质历程螺旋图

地质年代表

地球在整个46亿年的演化历史期间，共经历了4个大的阶段，被科学家们称为不同的宙。按照顺序分别是冥古宙、太古宙、元古宙和显生宙。每个宙又根据生物和地质特征划分成几个代，代里面再分成纪（比如人们熟悉的侏罗纪、白垩纪等），纪里面还分世。世里面还可以细分，不过太专业了，这里就不介绍了。

【小知识】地质年代和年代地层　我们都知道地质年代表，大家对寒武纪、侏罗纪、白垩纪等地质年代早就耳熟能详了。但是，有些专业性比较强的文章中会出现"侏罗系""白垩系""下侏罗统""上侏罗统"等名词，让人十分困惑。平时总说"侏罗纪"，怎么又出了个"侏罗系"呢？是作者的笔误吗？当然不是啦！

实际上"侏罗纪"和"侏罗系"是两个关系密切的概念：其中，"侏罗纪"指的是时间，时地质年代2.01亿年前到1.45亿年前这段时间；而"侏罗系"指的是岩石，是年代地层，是侏罗纪期间形成的岩石。时间上侏罗纪已经过去了，一去不复返。但是，侏罗纪时期形成的岩石——侏罗系就在山上，我们能够直接踩在"侏罗系"上，甚至还可以采集一块侏罗系带回家！同样，"下侏罗统"是早侏罗世期间形成的岩石。在时间上，我们说早、中、晚；而在地层上，我们说上、中、下。早侏罗世的岩石先形成，地理位置上在下面，所以我们叫"下侏罗统"；同样"上侏罗统"就是晚侏罗世形成的岩石。

在时间上，我们说"宙、代、纪、世"，对应的地层就是"宇、界、系、统"。比如说，合川马门溪龙生活在显生宙中生代侏罗纪晚侏罗世时期，它的化石发现在显生宇中生界侏罗系上侏罗统中。

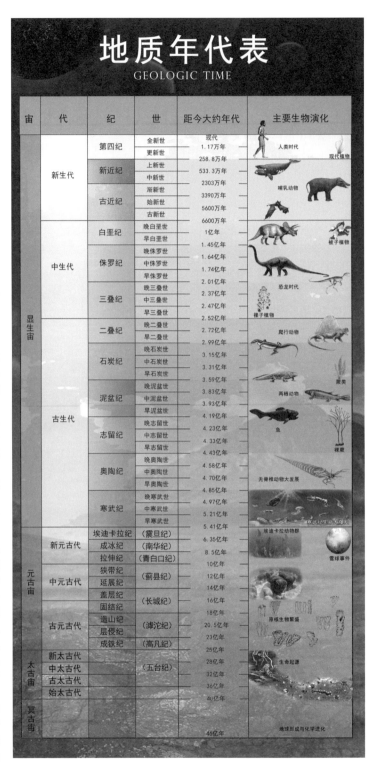

地质年代表

冥古宙

（46亿年前—40亿年前）

前面提到，地球表面的岩浆逐渐冷凝形成原始的地壳，但是地壳并不是一下子就形成完整的一层包裹住地球表面的，而是从一个点开始逐渐固结的，最早固结的这些点叫作陆核。从地球诞生开始到最早的陆核形成的这个阶段，是地球发展历史中的第一个宙，叫作冥古宙。这个时期没有形成任何岩石，也就没有任何可供研究的材料留给我们，所以也没有再进行进一步的划分。目前关于地球年龄的结论和冥古宙的历史是科学家们根据对月球等其他太阳系天体的研究而推测出来的。

太古宙

（40亿年前—25亿年前）

从最早的陆核出现时开始，地球进入太古宙。这期间形成的岩石记录了它们形成的年代。最早的陆核形成，也就是形成了最早的岩石。到目前为止地球上发现的最古老的岩石的年龄是40亿年，是在加拿大发现的。这批最早的岩石叫作片麻岩，是花岗岩形成以后受到后面地质作用下形成的变质岩。我国发现的最早的岩石是38亿年的，产自辽宁鞍山市市郊。由此可见当时加拿大和我国辽宁等地都是最早固结的陆核地区。

太古宙被分成4个代：始太古代、古太古代、中太古代和新太古代。由于化石稀少，太古宙还没有进行纪的划分。

中国最古老的岩石

生命的起源

到目前为止，地球是人类发现的唯一拥有生命的星球。茫茫宇宙中，人类已经发现的天体不计其数。为什么单单只有地球上有生命呢？即使今后能在其他星球上发现生命的痕迹，生命的出现也是个小概率事件。

那么，地球上的生命是怎么来的呢？

有许多种说法：在科学不发达的年代里，人们说生命是上帝创造的，这是一种迷信的说法，到了科学发达的今天大家都不相信了。但还有的科学家认为宇宙中到处存在着"生命孢子"，受恒星的辐射而四处飘荡，落在哪个适合生命发展的星球上就在哪里产生生命。但是这个假说一直没找到证据，而逐渐被

生命起源

人们遗忘了。

最有证据的说法就是：生命在地球上自生起源的。

早期火山喷发并放出大量气体，如氮气、甲烷、氨、氢气、二氧化碳等物质。这些物质在火山、闪电和太阳紫外线的能量作用下，逐渐聚合成了大分子的化合物，在某次聚合中，形成了一个核酸分子。这个核酸分子能够自我复制，并携带着母体核酸的密码，还能自己获取营养，就是第一个生命。

1953年，美国芝加哥大学的研究生米勒在一个密闭的玻璃装置中，用甲烷、氨气和氢模拟原始大气，用一些水模拟原始海洋，并通过小电极放电模拟原始的气候。米勒利

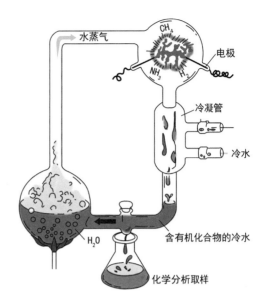

【小知识】米勒实验（Miller‑Urey experiment）一种模拟在原始地球大气中进行雷鸣闪电能产生有机物（特别是氨基酸）的实验，以论证生命起源的化学进化过程的实验。1953年由美国芝加哥大学研究生米勒（S.L.Miller）在其导师尤利（H.C.Urey）指导下完成，并因此得名。

用这些装置再现了原始地球的景象。经过了一个多星期的时间，水中产生了淡红色的黏性物质，其中富含氨基酸！这就是著名的**米勒实验**。这些氨基酸就是原始大气中的成分在原始地球能源的作用下产生的。氨基酸是生命的基础，后来的实验还证明了，在原始地球上面这些氨基酸又继续聚合成更大的长分子链。我们中国也曾经在实验室内成功地合成过胰岛素，从而用实验证明了生命在地球上自行产生的可能性。

据科学家估计，在细胞产生之前，可能就已经存在着一种没有细胞膜的准生命体，类似于现在的病毒。也就是说病毒可能是最早出现在地球上的生命。病毒是十分原始的生命形式，连细胞还没有呢！你可别看不起它们，2020年，在全世界范围爆发的新型冠状病毒性肺炎疫情，给人类造成了重大损失！病毒虽然原始可真不能小觑。

科学家估计，病毒可能出现在38亿年前以前。后米，又在自然选择的情况下，出现了细胞。

最早期的单细胞生物都是没有细胞核的原核生物。我们所知道的大多数生物都是由有细胞核的真核细胞组成的，由真核细胞组成的生物叫作真核生物。

叠层石光合作用

科学家的研究证明：真核细胞的出现和生存是需要氧气的。可是，在早期的大气中是没有氧气的，因此就抑制了真核细胞的出现。而海洋中却出现了大量的原核生物蓝藻，它们通过光合作用制造氧气。到了距今20亿年前的时候，空气中的氧气含量明显增加，给真核生物的产生创造了条件。据科学家推测，20亿年前就应该有真核生物了，可是目前发现的最早的真核细胞是在加拿大的19亿年以前的地层中发现的。在以后的地层中又先后发现了许多真核和原核细胞的化石，但是个体都很小，都属于微观的范畴。

上面提到的蓝藻在制造氧气的过程中给我们留下了许多生命的痕迹。它们形成的化石叫作叠层石。叠层石是蓝藻和细菌活动的产物，是它们在活动中形成了碳酸盐矿物层状聚集，形成层状结构，横断面被磨平以后，还会出现许多美丽图案，因此常被用作建筑装饰材料，没准儿你们家的地面或者墙面上就有这些化石呢。蓝藻和细菌都是没有细胞核的原核生物。

叠层石化石

化石的形成

化石是保存在地层中的古代生物的遗体、遗迹和生命有机成分的残余物。化石通常都保存在沉积岩当中。那么化石是怎样形成的呢？

首先要有保存化石的基本条件——硬体，最常见的硬体就是骨骼和牙齿。软体只有在特殊的情况下才形成化石，并且量很少。比如，著名的埃迪卡拉生物群就是动物的软体在海底细腻的泥沙表面形成的印模，后来这层海底带着印模经过成岩作用形成了化石，这些印痕也就保存在了层面上，被认为是软体的印痕化石。恐龙足迹化石的形成原理也是如此。

那么动物的硬体是怎样形成化石的呢？

动物死亡以后很快被沉积物掩埋。那些没有被掩埋的动物尸体，即使有硬体也会很快在风吹日晒下腐烂风化的。被掩埋的动物尸体总是少数，动物被掩埋以后，软体部分很快就腐烂分解了，硬体部分在埋藏的过程中经过不同的石化作用，最后形成化石。这些石化作用包括置换作用：即生物硬体中的有机质被地下水中的无机质成分所代替，这种替代是在分子水平上进行的。最后动物体的成分完全变成了无机质，而形态还保持着生物硬体的形态，从而形成化石；当化石形成以后，如果保存化石的地层不受地壳的作用抬升的话，化石将永远埋在地下。即使露出来的化石也还要及时被人们发现，否则用不了多久，就会在风吹日晒雨淋下化为粉末。根据上面的化石形成过程来看，过去的生物只有极少部分形成化石并且被及时发现。

化石的形成

元古宙

（25亿年前—5.4亿年前）

红色条带铁矿

地球的原始大气中是没有氧气的。太古宙期间，出现了大量的叠层石和蓝藻等原核生物。这些生物个体虽然很小，但是数量庞大。它们能够进行光合作用，吸收空气中的二氧化碳，释放出氧气！大气中的氧气第一次作用造成沉积物中的金属，尤其是铁被氧化，地质上称为"大氧化事件"。地球进入元古宙。大氧化事件造成大量的铁元素被氧化沉淀，形成众多的大型铁矿床。所以，元古宙的第一个纪就被命名为"成铁纪"。

到了11.5亿年前，地球上曾经形成了第一个超级大陆——罗迪尼亚超级大陆。超级大陆在7亿年前解体。在元古宙中后期，地球上形成了广袤的浅海，并形成了厚厚的沉积岩。之后，大部分地区的地壳除了上升以外，没有发生剧烈的褶皱运动。元古宙时期沉积的这套地层一直保持着水平的状态，成为后来显生宙沉积的基底。随着地壳上升和河流下切的相互作用，很多地方的岩层暴露了出来，还一直保持着水平状态。比如，被称为天下之脊的太行山的基底就是巨厚的元古宙时期沉积的水平岩层！

元古宙被分成3个代10个纪：古元古代（含4个纪：成铁纪、层侵纪、造山纪、固结纪）、中元古代（含3个纪：盖层纪、延展纪、狭带纪），新元古代（含3个纪：拉伸纪、成冰纪、埃迪卡拉纪）。我们中国科学家对元古宙地层研究的也很深入，成果丰富。所以，中国科学家对中的地层还有另外一头分类和命名体系。比如，"埃迪卡拉纪"在中国就被叫作"震旦纪"。

太行山基底（图片来自网络）

瓮安生物群

瓮安动物群发现于我国贵州省瓮安县，是继澄江动物群之后我国古生物界的又一个重大发现，这个发现把动物起源的记录又提前了5000万年。

1996年11月，南京地质古生物研究所陈均远研究员和"台湾"清华大学李家维教授在贵州考察时在瓮安发现了瓮安生物群。他们采集到了完整的、栩栩如生的海绵动物个体及几十万个动物胚胎，其完整程度犹如保存在琥珀中一般，精美绝伦。更令科学界惊奇的是它们的年龄距今已有6.01亿年！是目前已知最古老的多细胞化石动物群。这些化石足以说明在6亿年前已有多个门类的动物存在。这一古生物学研究上的重大发现，使刚刚被人们普遍接受的"寒武纪生命大爆发"理论显得极为尴尬。因为它表明在"大爆发"之前已有多细胞动物存在，而并非在寒武纪的三五百万年间才突然现身于地球的。既然那么早以前就有了如此众多的多细胞动物，那么在寒武纪期间出现大量多细胞动物就不能说是"突然"了。受瓮安生物群启发，科学家认为很可能还有更早的多细胞动物群的存在。甚至有人大胆地预测在10亿年前就应该有多细胞动物群了。

瓮安生物群主要由立体保存的多细胞藻类、大型带刺疑源类和多细胞动物胚胎等多种远古生物组成。其中的动物胚胎化石是目前发现的最古老的多细胞动物的化石，为研究动物在寒武纪大爆发之前的起源和早期演化历程提供了丰富的第一手资料。瓮安生物群被誉为"世界唯一"的6亿年前的化石宝库。

400μm

瓮安动物群胚胎化石

埃迪卡拉动物群

埃迪卡拉动物群
化石

通过了解化石的形成过程我们发现，几乎所有的化石都是生物的硬体部分。其实，仅有硬体，生物是不能生存的。一个完整的动物，特别是比较高级的多细胞动物不仅有硬体，还要"有血有肉"才能进行生命活动，所以我们把眼光仅仅盯在硬体化石上是远远不够的，因为硬体只代表了生物体的一部分，俗话说的"血肉之躯"就表明了身体其他组成部分的重要。但是由于地层保存的条件限制，只有硬体部分才容易保存成化石，而软体部分由于生物死亡后的风化和腐蚀以及长期的和高温高压等地质作用而不复存在。可是也有特殊的情况，远古时期动物的软体留在地表的痕迹，后来随着地表被深埋地下而变成石头的同时也保留在岩石表面的一种构造，从某种意义上讲这就是一种动物软体的铸模化石。科学上严格的定义叫作印痕化石。

最著名的印痕化石就是首先在澳大利亚发现的埃迪卡拉动物群。它们是多细胞动物的软体在岩石上留下的印痕。除了澳大利亚以外，在世界的其他地区的寒武纪以前的地层中也先后发现了动物的软体印痕化石，我国在三峡地区元古宙末期灯影组的碳酸盐地层中，也发现了多种类型的埃迪卡拉生物群典型分子。最新科技资料表明，显生宙的第一个纪寒武纪开始的确切时间是5.41亿年以前。而埃迪卡拉动物群的时代是5.8亿至5.6亿年之间，也就是说埃迪卡拉动物群还不属于显生宙，而属于元古宙时期。它们代表着寒武纪以前的一群生物，最晚的也比寒武纪早期的小壳动物群早1600万年。埃迪卡拉动物群是世界上最早发现的多细胞动物化石群。由于埃迪卡拉动物群化石的重要程度和广泛分布，元古宙的最后一个纪又被命名为"埃迪卡拉纪"。

经过研究发现埃迪卡拉动物群中的动物多一半是腔肠动物，包括水螅、水母等海洋生物，其中水母的印痕特别多，还有环节动物中的多毛类，甚至还包括少量的节肢动物。另外，还有一些蠕虫的印痕。这些印痕化石的个体比起上面提到的小壳化石都大，差不多在几厘米至十几厘米左右，最大的蠕虫印痕达到了1米。这样看来幸亏把隐生宙的名称取消了，要不然真是名不副实了。

另外，埃迪卡拉动物群的发现也给科学家们提了醒，在寻找早期生命进化过程中不要被把眼光仅仅盯在硬体化石上，有时动物的软体部分发展了，而在硬体上没有反映，不能盲目地做出该动物没有什么变化的片面的结论。

埃迪卡拉动物群复原图

显生宙

地球上的生命虽然最早出现在35亿年前，但是，一直以单细胞的形式演化发展，个体微小，肉眼看不见，需要借助显微镜才能看到。一直到5.41亿年前，地球上突然出现了大量的可以用肉眼能看到的生物，被称为"寒武纪大爆发"。从此以后的生物个体越来越大，大到出现了人们熟悉的恐龙、鲸鱼等庞然大物。科学家把这个阶段称为"显生宙"，我们人类现在就生活在显生宙。科学家把以前的地质阶段称为"隐生宙"，或者直接叫作"前寒武纪"。可见，隐生宙是长达30多亿年的一个地质时期。后来随着研究的深入，隐生宙被分成了冥古宙，太古宙和元古宙。

显生宙离我们比较近，化石丰富，被研究的程度深，所以地层划分也比较详细。显生宙被分成3个代12个纪：古生代（寒武纪、奥陶纪、志留纪、泥盆纪、石炭纪、二叠纪）、中生代（三叠纪、侏罗纪、白垩纪）和新生代（古近纪、新近纪、第四纪）。

古生代
（5.41亿年前—2.52亿年前）

古生代时间比较长，历时2.89亿年，这也是无脊椎动物大发展时期。寒武纪大爆发时期，很多动物同时出现了。据科学家研究，在短短的一二百万年不仅突然出现了所有现生动物门类的早期代表，而且还出现了二十几个目前已经灭绝了的门类，每一门类都代表着相当门一级的类群。也就是说，寒武纪大爆发时期，现在所有动物门都"一下子"出现了，甚至包括我们人类所属的"脊索动物门"。在这之后，很多门都灭绝了，再没有出现新的动物的门。寒武纪大爆发以后，无脊椎动物在海洋中十分繁盛。

古生代期间，生物完成了从水生到陆生的飞跃，所以地质学家以此为标志，把古生代分成早古生代和晚古生代。早古生代包括寒武纪、奥陶纪和志留纪，这期间生物都在水中生活，陆地上还没有生机。所以，人们常见的化石是三叶虫，软体动物，腕足动物，笔石动物等海生无脊椎动物。从泥盆纪（或者志留纪晚期）开始，先是植物出现在陆地上，后来是动物在晚古生代先后登上了陆地，并繁荣昌盛。从此，陆地上充满了生机。现在很多著名的大煤田，都是石炭纪和二叠纪时期陆地上的森林形成的。

寒武纪大爆发

上文提到，生命自35亿年前出现以后，在将近30亿年的时间里，一直是在微观的范畴内地演化着。到了元古宙末期出现了肉眼能看到的埃迪卡拉生物群的印痕化石。然而，在寒武纪早期的地层中却突然出现了大量的、用肉眼能直接看到的以三叶虫为代表的丰富多样的化石群。早在140年以前的科学家们就注意到了这个现象。当时在寒武纪以前的地层中没有发现过任何用肉眼能看到的大化石，这些生物好像是突然出现的，于是，科学家们就把这个现象称作"寒武纪生命大爆发"。在上面介绍的古无脊椎动物中几乎所有的门类也都是在寒武纪时期出现的，这足以说明"寒武纪生命大爆发"现象的存在。

其实，通过仔细研究和观察，三叶虫的出现并非是"突然"出现的，因为在三叶虫以前的二百万年左右的地层中发现了大量的小壳化石。这些小壳化石至今还有许多种类不知道是什么动物身上的器官或构造。小壳化石的大小也是介于"微体"和大化石之间，个体一般都在1—2毫米之间，用肉眼勉强可以看到。

小壳化石不是单一门类的生物化石，包含着许多门类，但有一点可以确定，它们都不是单细胞而是多细胞生物了。小壳化石在全世界许多地方都有发现，而且时代都是一样的。可以这么说，小壳化石的出现才真正代表了生命大爆发。我国小壳化石最丰富的地区是云南和湖北等地。许多小壳化石目前还不知道它们到底属于什么动物，没准它们代表着一些早已灭绝了的动物类群，我们目前还不知道这些灭绝了的生物的面貌。比如，在后来发现的澄江动物群中找到了一些小壳动物的归宿。无论如何，小壳动物群代表着比三叶虫还早的生物大发展，小壳动物群的发现是"寒武纪生命大爆发"的有力证据。

其实，得出寒武纪生命大爆发的结论，主要是因为硬体化石的突然大量出现，使人们误认为是生物突然以爆发的方式大量突然出现。殊不知，一般的动物除了骨骼系统以外还有好几个软体组织组成的系统。因此，可能大生物很早就出现了，只是它们没有硬体没有保存成化石而已，已经发展起来的动物只是在寒武纪期间突然出现硬体，从而使科学家们认为是大生物突然大量出现。要不是20世纪80年代在我国发现了著名的澄江动物群，寒武纪生命大爆发简直快被人们遗忘了。

寒武纪大爆发

轰动世界的澄江动物群

　　澄江位于云南风景秀丽的抚仙湖湖畔。1984年的一天，南京古生物研究所侯先光先生到澄江县的冒天山地区考察。在考察期间，他发现了一件叫作娜罗虫的化石。这件化石引起了他极大关注。侯先光先生曾经到过加拿大的一个叫作布尔吉斯的地区考察早期古生物的化石，在那里侯先光先生曾经见过这样的化石。可是云南的澄江地区发现的娜罗虫化石可比加拿大布尔吉斯地区的类似的化石早了1500万年！这个天大的发现。立刻就引起了古生物界的高度重视，并掀开了澄江地区考察发掘的高潮。经过几年时间的努力，在澄江地区发现了大量无脊椎动物和脊椎动物的早期类型，共有40多个门类，80余种动物化石。在研究早期生命的生物学特征、生存方式及演化系统等方面具有划时代的突破。由于古生物化石丰富，种类繁多，科学界把这批化石命名为"澄江动物群"。

　　澄江动物群的发现使得"寒武纪生命大爆发"再度成为热门话题。澄江动物群再次证明了寒武纪生命大爆发的存在。在短短一二百万年的时间内，几乎所有现代动物的门类突发式地出现在寒武纪早期的地层中，这实在令人震惊。对于我们人类来说，一二百万年的时间是十分漫长的。可是对于整个地球的历史，或者说对于生命的历史来说，一二百万年就是一瞬间。在此之前，生命在海洋中一直沉寂了30多亿年的时间都没有什么发展。经过了30多亿年的孕育，在短短的一二百万年不仅突然出现了所有现生动物门类的早期代表，而且还出现了二十几个目前已经灭绝了的门类，每一门类都代表着相当门一级的类群。现生动物的门目前只有十几个。从澄江动物群的生活年代到现在的5亿多年的时间里，除了灭绝的以外，再没有新的门出现，所有现生的门都是与在澄江动物群中一起出现的。如此众多的门类在短期内大量出现，而在老一些的地层中一点也没有这些动物祖先的化石的发现，真可谓惊天动地"大爆发"。

　　澄江动物群生活的时间是将近5.3亿年以前，包含着几乎所有现生动物的祖先，当然也不排除我们人类的祖先——早期脊椎动物。

　　澄江动物群生物成员丰富，其中包括低等的藻类。可别小看这些藻类，地球上许多生命所需要的氧气就是它们通过体内的叶绿素在阳光的作用下通过光合作用制造出来的。这些为后来的生命带来生机的藻类中就包括我们现在经常食用的绿色食品——螺旋藻。

　　海绵动物包括细丝海绵，四层海绵等。

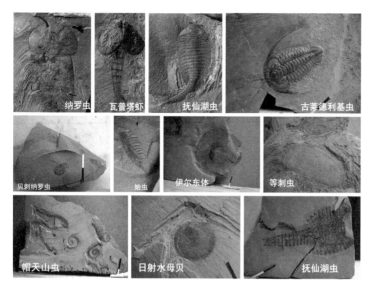

纳罗虫　瓦普塔虾　抚仙湖虫　古莱德利基虫

贝刺纳罗虫　始虫　伊尔东体　等刺虫

帽天山虫　日射水母贝　抚仙湖虫

澄江动物群化石

腔肠动物仍然有一定的数量。前面已经提到，在埃迪卡拉动物群中大半是腔肠动物，其中水母特别丰富。在5 000多万年以后的澄江动物群中仍然有腔肠动物，但是在数量上已经被其他类型的动物超过了。

节肢动物在澄江动物群中特别丰富，其中在澄江地区最早出土的澄江动物群成员——娜罗虫就属于节肢动物的家族。我们熟悉的三叶虫就是节肢动物大家族的重要成员。除此之外，节肢动物还包括海怪虫、灰姑娘虫、迷虫、奇虾等奇怪的动物。三叶虫在澄江动物群中是一个很常见的种类。

最值得一提的是在澄江动物群中有许多现在已经灭绝了的门类，比如多足缓步类动物。它们是一类样子很奇特的动物，身体为圆柱形，腹部两侧有成对的腿，这些腿细长，但是没有关节。末端有爪子。看样子它们不太会行走，估计这些腿可以用于攀附在其他生物身上，利用长在身体前端的小嘴吸取其他生物体内的养分。在这类动物中最著名的要算是微网虫了，微网虫身长8厘米，身体两侧有9对骨板，骨板表面有网状结构，很像是它们的复眼。在这以前科学家曾经发现过许多这样的小骨板，但是一直不知道属于什么动物的什么器官。在微网虫身上发现原来这些小骨板就是它们的眼睛。

令人吃惊的是在澄江动物群中还发现了最早的脊索动物，将包括人类在内的脊索动物的演化历史向前推进了1 500万年！

澄江动物群的时期属于寒武纪生命大爆发的后期阶段。这个大爆发事件从开始到结束仅仅用了200万年的时间！澄江动物群的发现曾经一度使人们怀疑达尔文的生物进化理论的正确性。实际上达尔文的生物进化论是十分正确的，只是随着新证据的发现，科学理论也需要进一步完善。

最古老的脊索动物

　　首先让我们了解一下什么是脊索动物。

　　脊索动物都具有脊索！什么是脊索呢？脊索实际上就是体内的一根管子，里面充满了含液泡的细胞，由于其中的压力比较大，这根管子就富有弹性，支撑起动物的身体，起到了骨骼的作用。脊椎动物体中的脊索仅仅在胚胎期间存在，后来就被钙化了，形成骨质的脊椎。脊椎动物是脊索动物中的最主要的亚门，无论从数量上还是从种类上都占据了脊索动物的绝大部分。对于古生物学来说，化石中的绝大部分都是生物体中的硬体部分，脊椎动物的硬体部分就是骨骼。科学家通过骨骼化石来研究脊椎动物的进化。另外，脊索动物在口的两端还有对称的两排纵向裂口，科学上叫作鳃裂，是动物在水中呼吸用的，我们人类同样也是在胚胎期间有过鳃裂阶段。

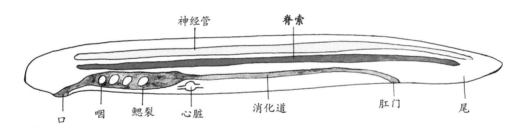

脊索动物特征模式图——自丁汉波1987《发育生物学》

　　脊索动物是从无脊椎动物中演化来的。根据胚胎学及生物化学分析的研究，认为脊索动物中的半索动物与无脊椎动物中的棘皮动物有着很密切的亲缘关系。这两类动物很可能是从一个共同的祖先演变而来的，这个共同的祖先开始分化，一支演变成棘皮动物、另一支演变成半索动物。可是这个共同的祖先到底属于棘皮动物还是属于半索动物或更原始的门类，由于没有发现化石，现在还无法确定。根据这种情况，科学界普遍认为脊索动物起源于棘皮动物。

　　脊索动物被分成半索动物、头索动物、尾索动物和脊椎动物。我们不妨把这几大门类按照进化顺序排列一下：从无脊椎动物的棘皮动物演化而来的半索动物分化成两个类群，一支是尾索动物，一支是头索动物；头索又演化成了脊椎动物。当然，上面某类群在演化成新的类群的同时，该门类中的其他种类也各自发展繁荣，比如在古生代期间分布广泛的笔石动物就是半索动物的代表；头索动物中的文昌鱼一直活到今天。经过这么长时间的进化，头索动物也发生了许多变化，因此，演变成脊椎动物的头索动物严格来讲应该是古头索动物。现在的头索动物肯定不会再演变成脊椎动物了，因为现生头索动物与脊椎动物一样都经过了相同时间的演化，它们之间只是同宗的姊妹类群，这就是"时过境迁"。

笔石化石——半索动物

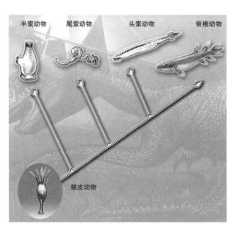

脊索动物起源与演化

那么，最古老的脊索动物究竟是什么呢？根据上文的分析应该是半索动物，在5.3亿年前的澄江动物群中确实就发现了半索动物的痕迹（如云南虫），同时在澄江动物群内还发现了真正的脊椎动物——海口鱼和昆明鱼。

云南虫化石及复原图——引自陈均远

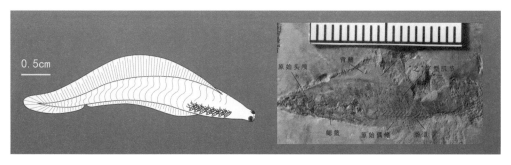

海口鱼化石及复原图——引自舒德干

【小知识】脊椎动物和无脊椎动物的区别　实际上无脊椎动物不是一个严格的生物分类。无脊椎动物的提法是相对脊椎动物而言的。顾名思义脊椎动物就是有脊椎的动物，包括鱼类、两栖类、爬行类、鸟类和哺乳类。我们人类属于哺乳动物，属于脊椎动物。从数量上看，脊椎动物种类不到整个动物界的3%。只是我们人类也属于脊椎动物，而且其他脊椎动物又是那么常见，所以科学家就把脊椎动物摆在了一个很重要的分类位置上。很明显，没有脊椎的动物就是无脊椎动物了，包括的门类很多，有单细胞的原生动物、两胚层的腔肠动物、体外有各种贝壳的软体动物、一大一小有背腹壳包裹的腕足动物、占世界上动物种类达到80%的节肢动物以及和脊椎动物有着密切亲缘关系的棘皮动物等。恐龙就属于脊椎动物。

有时候，动物化石保存不是很完整，看不到脊椎！我们凭什么判断化石是不是脊椎动物的呢？除了有没有脊椎以外，脊椎动物和无脊椎动物还有许多其他方面的区别。比如，脊椎动物都是内骨骼，也就是说脊椎动物的骨头在皮肉的里面，比如我们吃鱼、吃排骨的时候都能发现骨头在肉的里面。可是我们吃螃蟹的时候，要费一些力气把外面的硬壳去掉才能吃到里面的肉，这是因为螃蟹属于无脊椎动物，无脊椎动物大都是外骨骼，当然不是所有无脊椎动物都有骨骼的，没有骨骼的动物都属于无脊椎动物。

此外，脊椎动物和无脊椎动物的神经分布也有很大的区别。脊椎动物的神经分布在背部，而无脊椎动物的神经分布在腹部。

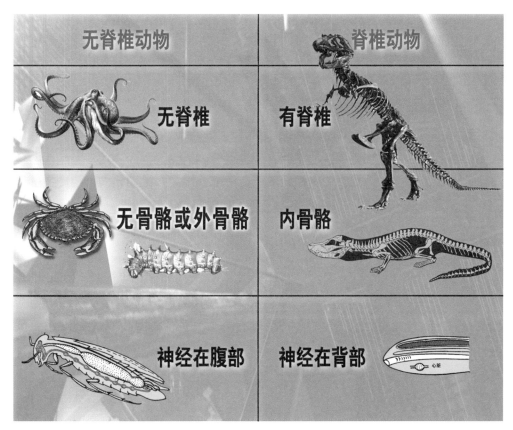

脊椎动物和无脊椎动物的区别

鱼类的演化历程

恐龙属于脊椎动物！让我们看看恐龙是如何出现的？它们是怎样走上霸主地位的！

脊椎动物是动物界中最重要的一类。其实，把动物分成脊椎动物和无脊椎动物两大类是不太科学的，也很不公平。为什么这么说呢？大家都知道，动物的分类是不同级别的。在动物界中最大的分类阶元是门，我们常说的无脊椎动物就包括十几个门，可是脊椎动物只是脊索动物门中的一个亚门。在150多万种动物中，现生脊椎动物的数量只有4万多种，拿一个亚门的4万种来与其他二十几个门的146万种相提并论，显得太不公平了。但是我们人类属于脊椎动物，脊椎动物在进化上与人类的关系最为密切，所以脊椎动物的级别给提高了。

我们常说"从鱼到人"，这其中就隐含着脊椎动物的演化历程。最原始的脊椎动物这是鱼形动物，先后历经无颌类，盾皮鱼类，棘鱼类，软骨鱼类，硬骨鱼类，两栖类，爬行动物类和鸟类，以及包括我们人类在内的哺乳动物。古生物化石为我们展现了一条清晰的进化路线。

在介绍前面的脊椎动物与无脊椎动物的区别的时候曾经提到，脊椎动物的骨骼都是内骨骼，而无脊椎动物的骨骼，如果有的话都是外骨骼。这样，早期的脊椎动物还保留了一些无脊椎动物祖先的孑遗特征。比如，最原始的脊椎动物——甲胄鱼，就保留了外骨骼的原始特征。

甲胄鱼化石

甲胄鱼类属于无颌类，没有真正的脊椎，它们没有上下颌，嘴永远呈张开状态，不会闭合。它们体外有一个完整的骨壳套，套在头上，这个骨质外套常形成化石。根据化石分析，甲胄鱼类的活动应该很不灵活，主要生活在4亿年前的志留纪和泥盆纪期间。现生的无颌类种类很少，七鳃鳗是其中的典型代表，已经没有了笨拙的外骨骼，但仍然没有上下颌，口呈漏斗状，靠吸附在其他鱼类身上为生。

后来由于头上有一个骨质套套着，就像有个电影里面的铁面人一样，生活很不方便，于是头外面的骨骼就分化变成了好几块相互关联、能活动的骨片。每块骨片与其他骨片之间都有关节，可以自由活动。特别是口可以自由开闭了，从此产生了上下颌。上下颌的产生是脊椎动物进化中的一场革命，使脊椎动物在摄取食物上发生了一次质的飞跃，盾皮鱼应运而生。盾皮鱼类虽然还是外骨骼，但是比甲胄鱼进步很多，它们的外骨骼不再是一块头盔式骨片了，而是由能活动的多块骨片组成，大大增加了灵活性。最恐鱼是最著名的盾皮鱼，它们生活在晚泥盆世，应该是身体最大的盾皮鱼了。仅头胸甲就长达2.2米！再加上身体后面的软体部分，恐鱼活着的时候，身长可能会达到5米，在3.8亿年前的晚泥盆世应该是庞然大物了。我国发现的乐氏江油鱼就是盾皮鱼类著名的代表。但是，笨重的外骨骼毕竟不太方便，所以盾皮鱼类在泥盆纪期间"昙花一现"，很快就灭绝了。

恐鱼——赵守庆画

【小知识】出现上下颌的意义：上下颌的出现是动物进化史上的巨大飞跃。动物有了上下颌，嘴就可以开闭，可以主动取食。上下颌的活动可以在食物进入胃以前进行第一部消化，于是就增加了动物食物的种类。没有上下颌的时候，动物只能吃"流食"（有些动物靠寄生生活）。动物的食物种类增加了，它们就可以四处寻找食物，运动功能也随之大大增加。食物的增加可以使动物迅速成长，适应各种环境，所以上下颌的出现促进了动物界的进化，是动物进化历程中具有划时代意义的变革。

还有一类和盾皮鱼类一起出现在晚志留世和泥盆纪期间的原始鱼类也具有上下颌，它们的口也能开合。但是，它们的体型比盾皮鱼类进步很多，类似后来更进步的鲨鱼，每个鱼鳍的前部都有一个较为粗大的"刺"，而且这些"刺"常常可保存成化石，所以被称为"棘鱼"。科学家估计棘鱼是由甲胄鱼类直接进化而来。棘鱼一般身长6-10厘米，已经没有厚重的外骨骼，反而在体表有了细小的鳞片！它们的头部内骨骼已经骨化，完全是进步鱼类的样子。有的科学家将棘鱼归入最进步的鱼——硬骨鱼类。但是经研究发现，棘鱼类的脊索终生保存，显示出原始性状。所以，科学家单独为棘鱼类建立了一个亚纲——棘鱼亚纲。

棘鱼

　　中泥盆纪时期，从棘鱼（或者盾皮鱼）中演化出软骨鱼类。依靠灵活的身体和进步的特征，很快就在生态竞争中占得先机，使甲胄鱼、盾皮鱼和棘鱼类迅速衰退并灭绝。软骨鱼身体表面已经有了鳞，内骨骼逐渐完善。不过，内骨骼还是软骨。虽然是软骨，但是活动更灵活，生活能力很强。所以，软骨鱼一出现，就迅速演

巨齿鲨牙齿化石（中新世）

化发展，并一直延续到今天。鲨鱼就是典型的软骨鱼，鲨鱼在海洋中也是称王称霸的，可见软骨并不落后！但是，软骨不容易保存成化石。所以软骨鱼的化石就比较少，最常见的就是鲨鱼的牙齿化石。

在演化过程中，软骨被钙质化产生了硬骨鱼。按说，硬骨鱼比软骨鱼进步，应该晚些出现才对。但是有一个比较奇怪的现象，就是目前所发现的最早硬骨鱼的化石要比最早的软骨鱼化石的年代还要早。这大概是由于软骨鱼由于缺少硬骨不易保存化石的缘故。硬骨鱼的骨骼都被钙化了，容易形成化石。所以，地层中发现了大量的硬骨鱼化石。

狼鳍鱼化石

鱼类在进化过程中，完成了四次关键性的进化。

第一次，就是外骨骼到内骨骼的进化。这个进化使得鱼类活动更加自如，运动速度更快，活动空间更加扩大。

鱼类第二个进化就是从无颌到有颌，这次进化发生在甲胄鱼进化到棘鱼和盾皮鱼的过程中。颌的出现是整个脊椎动物进化史中的一个大革命，改变了无颌类滤食和少运动的生活方式。上下颌的出现使口可以自由闭合，鱼类能够主动捕食，这也就激发了它们的活动性，扩大了活动范围，同时也增加了食量，鱼类就可以长得很大。所有后来的脊椎动物，包括水生的和陆生的，都一直沿用着这一优势，在后来进化中还不断加强。包括我们人类的进食和语言都是依靠上下颌的运动而实现的。可见，上下颌的出现是多么的重要。

鱼类演化历史中的第三个进化是体内骨骼的骨化，从脊索进化到脊椎，从软骨进化到硬骨，后来一些鱼类的鳞片都骨化了。这个进化使鱼的体内骨骼的支撑力更强，鳞片的骨化使其强度更加强，更能抵御外来的侵略，骨化可以使它们的运动更加迅速。正是由于硬骨的出现，鱼类才能形成完美的化石，我们人类才能认清各种各样的古代鱼类。软骨鱼在古代的数量很可能并不少，只是由于软骨不易存成化石，而没有被我们认识到。

鱼类的第四个进化就是，偶鳍的出现。偶鳍的出现除了使鱼类活动更加灵活以外，更重要的是为动物登陆创造了基本条件，陆生脊椎动物的四肢都是从鱼类的偶鳍进化来的。正是由于早期鱼类只有两对偶鳍，也就决定了后来的所有陆生脊椎动物都拥有四条腿。成对附肢的出现被看成脊椎动物进化历史中的第二大事件。

鱼类中还有一些其他方面的进化发展，包括：体型多样化，从上下扁平到上下高，左右侧扁的纺锤形、侧扁形、棍棒形等，以适应水中的各种环境。其中，纺锤形是最普遍的体型，全身呈流线型，减少阻力，游泳迅速，鳞片越来越轻薄。这个进化也是为了鱼类活动灵活，鳞片即起到保护作用，又不至于妨碍鱼的运动。从上面这么多进化来看，鱼类越来越适应水中的环境，到现在仍然长盛不衰。鱼类的大发展时期是从四亿四千万年以前一直到现在。

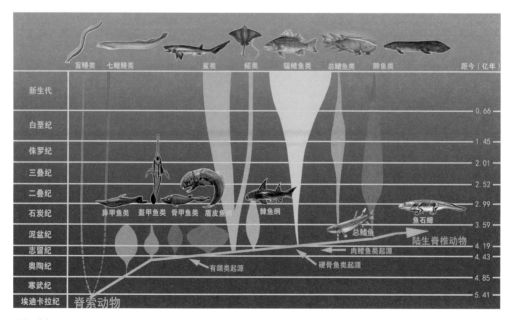

脊椎动物的起源和早期演化——引自古脊椎动物与古人类研究所论文

裸蕨登陆

蕨类植物的大发展

　　4亿多年前的志留纪，大气中的氧气含量已经达到10%，地壳运动剧烈，陆地面积增加，海平面变换频繁，在潮间地带的藻类不断露出水面，许多藻类都死亡了，终于有一种绿藻不断地出露水面，最后终于适应了空气中的环境，能够在没有水的空气中生活，于是就演化成了陆生植物。有些科学家认为进化成陆地植物的绿藻是轮藻中的一类。陆地环境和水中的环境有一很大的区别就是植物的支撑。在水中，藻类植物可以依靠水的浮力，自由伸展枝叶。可是在陆地环境中，空气的浮力不足以支撑植物的枝叶。植物本身必须有支撑自己的器官，否则只能匍匐在地表生长。能够将植物支撑起来的器官就是"茎"。早期陆生植物没有叶子，只是枝条，枝条是绿色的，能够进行光合作用，所以被叫作裸蕨。正是裸蕨的登陆成功，使寂寞荒芜的陆地开始有了生命之光，也为后来登陆的动物提供了食物，引诱着动物上陆。

　　植物的茎干除了支撑植物体站立以外，其中还有许多疏导管，自下而上疏导水分，自上而下疏导叶子通过光合作用制造的营养，有这种茎干的植物叫作维管

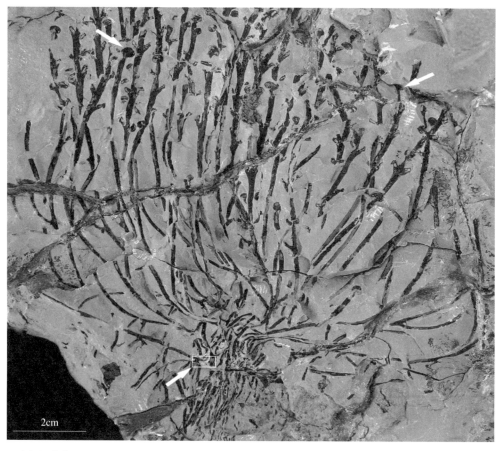

泥盆纪裸蕨化石——照片引自《化石杂志》2010年第3期。这是一件裸蕨植物化石，学名叫作"胜峰工蕨 *Zosterophyllum shengfengenses*"，是北京大学地球与科学学院郝守刚和薛进庄教授2006年在云南曲靖的早泥盆世早期的地层中采集到的

植物。所有维管植物都属于高等植物，因为维管束是茎内的重要器官，负责根和叶之间的联系，所以它们就有了根、茎、叶的区分。

蕨类植物是最原始的维管植物。正是裸蕨植物首先登上了陆地，给大地带来了绿色生机。植物登陆开辟了新的、更加广阔的生存空间，所以发展得十分迅速。由于陆地环境的多样性，也使得陆生植物逐渐演化出许多不同的类型。石炭纪和二叠纪期间，气候温暖而潮湿，喜温爱湿的蕨类植物大发展，到距今3亿年前，出现了许多高大的乔木型的蕨类植物，组成了茂密的沼泽森林，是后来形成煤炭的主要植物来源。蕨类植物即使在后来有了更高级的裸子植物之后，仍然是陆地植被的主角，也是在中生代期间恐龙的主要食物来源。

裸蕨植物演化出有大型叶子的真蕨类，后来又进化成最高级的种子植物：裸子植物和被子植物。

陆生脊椎动物的共同祖先

——总鳍鱼

硬骨鱼中有一类叫作总鳍鱼类，由于它们的尾巴长得很像古代作战时的矛，所以也被叫作矛尾鱼。总鳍鱼类的化石在泥盆纪和整个中生代期间的地层中发现了很多。可是，白垩纪以后的地层中一直没见到总鳍鱼的踪影。

1938年，人们突然在东非的海域里发现了活的总鳍鱼，这一发现令世界震惊。1938年12月22日，渔民们在马达加斯加附近的科莫罗斯群岛鲁麻河入海口处捕到一条奇怪的鱼，这条鱼约1.5米长，57.6公斤重，蓝光闪闪，体型肥胖，尾鳍像长矛的矛头。这条鱼的两对偶鳍、胸鳍和腹鳍和其他的鱼不一样，鳍的根部有个肉柄。使这四个鳍看起来很像动物的四只脚。这古怪的样子是渔民们从未见到过的。后来渔船抵达南非东伦敦港，渔民们就很随便地把这条鱼摆放在码头。南非东伦敦博物馆的研究人员娜汀梅·拉蒂迈女士闻讯赶来，将怪鱼运回博物馆，给它拍照、绘图并制成了标本。随后向南非著名古鱼类学家史密斯教授报告，并画了一张草图。但是，当时史密斯教授正好外出度假。1939年1月3日才回来！当史密斯教授见到草图时，简直不敢相信自己的眼睛，惊喜得跳了起来，这不正是早在7 000万年以前就已绝灭了的总鳍鱼中的空棘鱼吗？空棘鱼类的骨骼与其他鱼类的骨骼不同，它们的胸鳍和腹鳍内排列着与陆生动物的四肢骨骼相似的骨骼。所以许多科学家认为陆生脊椎动物的四肢就是由空棘

矛尾鱼

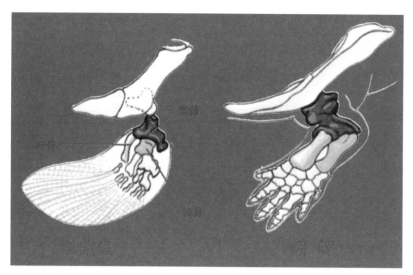

总鳍鱼和两栖动物前肢骨骼比较图

鱼胸鳍和腹鳍演变而来的。当这一消息在报刊和电台上公布后，立即引起了全世界的轰动，为了表彰和纪念拉蒂迈小姐的贡献，这条鱼被命名为拉蒂迈鱼。史密斯教授把这种鱼印成招贴画，贴到非洲东海岸和马达加斯加群岛一带，用高价悬赏收购这种鱼，且英，法，美三国的科学家组成了联合考察队，希望能捕到这种鱼，直到14年后的1952年才捕到了第二条空棘鱼，以后又相继发现了数条，半个世纪以来全世界已捕到了170余条。

矛尾鱼属于总鳍鱼类，而总鳍鱼类被认为是所有陆生脊椎动物的祖先，所以备受青睐。它们在脊椎动物的进化上占据着十分重要的位置。

陆生脊椎动物都有四条腿，所以又被称为四足动物。而且，每条腿中的骨骼都是一样的。只是后来，随着演化又发生了一些变化。原始状态四肢的骨骼数目和排列基本是一致的：由近及远分别为股（肱）骨、胫腓（桡尺）骨、跗（腕）骨、跖（掌）骨、和趾（指）骨。四足上趾（指）的数目，也是以五为基础的，有些由于生活环境的改变而有所减少，但从化石记录上可以明显看出是从五趾型演变过来的，因此科学家断定所有陆生脊椎动物是由一个祖先发展而来的。

总鳍鱼类与其他鱼类有个不同之处，就是在鳍的基部有个

总鳍鱼在陆地行走

"肉柄"。通过解剖学的研究，人们发现总鳍鱼的偶鳍的"肉柄"内的骨骼与所有陆生脊椎动物的四肢的骨骼能一一对应。在总鳍鱼的肉质鳍当中，离身体最近的是一块骨头，相当于我们的股骨或肱骨；向下是并排的两块骨头，相当于我们的胫腓骨或桡尺骨；再向下是许多块小骨头，相当于我们的跗骨或腕骨，以及跖骨和掌骨，再向下就是分叉的趾骨或指骨了。

于是科学家描述了一个3.7亿年前的景象：在泥盆纪晚期，陆地上已经有了低等的蕨类植物，并有一些昆虫和蠕虫之类的无脊椎动物。除此以外，大多数生物都在水中生活，陆地上"宽敞"的生活环境吸引着各种动物。志留纪晚期，地壳运动比较强烈，陆地上升，海平面下降，许多水塘中的水逐渐干涸，大部分鱼类都死亡了，只有总鳍鱼类凭借自己的肉质鳍支撑着身体一下一下地蠕动到附近的另外一个池塘中继续生活。后来，这个池塘又干了，其他的鱼类又都死亡了，还是总鳍鱼凭借自己的肉质鳍的蠕动，把自己挪到又一个新的池塘……

久而久之，随着水塘逐渐干涸，总鳍鱼在陆地上的时间越来越长。在不断地蠕动过程中，它们肉质鳍内的骨骼也变得强壮起来，越来越适应陆地上的行走。最终，它们可以长期在陆地上生活了，只有产卵的时候还要在水中进行，幼年个体从卵中孵化出来以后还需要生活在水中。于是，一类新的动物诞生了，这就是两栖动物。后来又演化出了所有其他陆生脊椎动物。由此可以看

出，总鳍鱼是所有陆生脊椎动物的祖先。

　　以上的推论是通过对骨骼的研究做出的，根据骨骼的对比，没有人怀疑总鳍鱼是陆生脊椎动物的祖先。但是，动物上陆以后，要面对的困难不仅仅是支撑身体，还有一个更大的困难需要克服——那就是呼吸。鱼类在水中是靠鳃呼吸的，可是到了陆地上，就需要用肺进行呼吸了。还需要有从肺通出来的管道——呼吸道，最后通过口鼻部进行呼吸。两栖动物的呼吸道包括外鼻孔和内鼻孔。可是，20世纪80年代，我国鱼类专家张弥曼院士对一件在我国云南发现的总鳍鱼类的化石头骨进行了连续磨片，试图找到这件总鳍鱼化石的内鼻孔。可是，最后发现总鳍鱼类化石竟然没有内鼻孔。这一发现非同小可，科学家们又对世界上其他地区发现的总鳍鱼类化石进行再次研究，并一一否定了以前认为是内鼻孔的构造，因为在其他化石总鳍鱼类没有找到确切的内鼻孔！这不禁使科学家们有些迷茫。总鳍鱼没有内鼻孔！上陆以后怎么呼吸呢？

杨氏鱼切片模型——中国古动物馆张萍馆长提供。化石全名叫"先驱杨氏鱼 Youngolepis praecursor Zhang et Yu, 1981"。化石本身只有2厘米长。张弥曼院士利用连续磨片的方法对先驱杨氏鱼头骨进行研究。2厘米长的杨氏鱼头骨封固在石膏模型中，然后每磨下1/20毫米，就绘制一张截面图，并制作放大20倍的蜡质模型。这样夜以继日地工作了一年半的时间。一共绘制了500多幅截面图，并制作了500多片蜡质模型。然后，将这些蜡质模型片按照顺序拼接起来，就得到了放大20倍的杨氏鱼头骨模型，而且内部结构清晰可见。

【小知识】四肢是由鱼类的鳍演化而来的：陆生脊椎动物是从总鳍鱼类起源的。总鳍鱼的肉质鳍和其他鱼类的鳍不一样，其中有一系列骨头和陆生脊椎动物四肢内的骨骼能够一一相对应：靠近身体的地方是一块骨骼，向下是两大块，再向下是一些小块骨骼。这些骨骼分别对应陆生脊椎动物的肱骨（股骨）、桡尺骨（胫腓骨）、手掌骨和脚掌骨等。总鳍鱼凭借着独特的肉质鳍，在生活的水域干枯后可以爬到有水的地方，它们的两对肉质鳍越来越强壮，终于演变成了陆生脊椎动物的四肢。从所有陆生脊椎动物的脚趾都是以五趾为基础发生变化的事实来看，所有陆生脊椎动物都是从一种偶鳍上有五个鳍条的总鳍鱼类演化而来的。

脊椎动物的登陆先驱

——两栖动物

提起两栖动物，许多人都以为只要能在水中生活也能上陆的动物就是两栖动物。其实，两栖动物有着严格的定义：它们在水中孵化，且幼年在水中生活，用鳃呼吸；成年能够用肺呼吸，在陆地生活。同时，两栖动物成年后必须把卵产在水中。有的两栖动物种类，幼年和成年的身体外形变化很大，科学上叫作"变态"。比如，我们常见青蛙，幼年的时候是蝌蚪，在水中生活；到了成年，长出四肢，甩掉尾巴，变成了青蛙，能够在陆地生活。

两栖动物是最早登陆的脊椎动物。

从水上陆必须具备3个条件：首先是要直接呼吸空气，因此鳃就没什么用了，必须要用肺进行呼吸。但是，根据对现在两栖动物的研究发现它们的肺功能并不是很健全，它们可以用皮肤进行呼吸，来弥补肺功能的不足。第二个条件就是离开水后，皮肤暴露在空气当中，因此皮肤上必须有防止干燥的措施。现在两栖类的皮肤上分泌了许多黏液，可以很有效地防止水分的蒸发。当然，这些特点只能通过对现生动物进行研究才能知道。化石中是不可能发现黏液的。第三个条件，也是最重要的，就是要在没有水的浮力的条件下支撑身体，这就需要强有力的四肢。

用四足在陆地上迈出第一步的脊椎动物叫鱼石螈，它可能是所有陆地脊椎动

鱼石螈

物的老祖宗。鱼石螈是目前发现的最早的两栖动物，化石发现于格陵兰的泥盆纪晚期的地层中。它们生活在3.7亿年前。鱼石螈的骨骼构造与总鳍鱼类中的扇骨鱼中的骨骼十分相似，显示出非常原始的特征。

从两栖动物开始脊椎动物的脊椎出现了分化。鱼类的整个脊柱上的脊椎样子都差不多，没有什么分化。两栖动物开始有了颈椎。鱼类没有颈椎，所以鱼类没有脖子。尽管两栖动物的脖子从外观上看还是不太明显，但是毕竟出现了第一枚颈椎，这是质的变化。其他陆生脊椎动物在此基础上逐渐增加颈椎的数量，使脖子的特征越来越明显。到后来，陆生脊椎动物中最长的脖子达到了十多米长，占整个身长的一半！

两栖动物实现了脊椎动物登陆的第一步，所以称它们为脊椎动物登陆的先驱。但是，它们必须要回到水中产卵，还不能完全摆脱对水的依赖。所以，不能称它们为真正的陆生动物。

爬行动物才是真正的陆生脊椎动物

真正的陆生动物需要一生都能够生活在陆地上。

两栖动物的要在水中产卵，而且幼年要在水中度过，这样就限制了它们的活动范围，它们不能深入到陆地深处去享受更广阔的空间。在泥盆纪期间陆生植物有了很大的发展，到泥盆纪结束的时候，陆地深处已经有了很发达的植物。

两栖动物为什么要把卵产在水中呢？因为它们的卵外面没有任何包裹，如果被产在干燥的陆地上，很快就会风干了，使幼小的生命夭折。所以，它们只能回到水中产卵。卵在水中孵化，孵化后的幼年

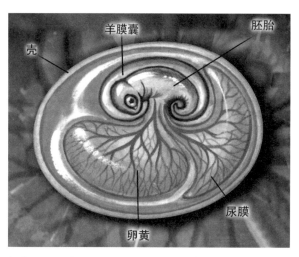

羊膜卵——引自Purnell's Prehistoric ATLAS《珀内尔史前画册》，作者：P. Arduini and G. Teruzzi；出版：Purnell；©1982 Vallardi Industrie Grafiche, Published in UK by Purnell Book. ISBN 0 361 05883 7

图中标注：壳、羊膜囊、胚胎、尿膜、卵黄

两栖动物就继承了鱼在水中用鳃呼吸的特性，幼年时期在水中度过。

终于有一种两栖动物产卵时，在卵的外面包上水，使卵胚胎沉浸在水中，外面再有一个硬壳包裹着水！这样的卵就不用生在水中了，完全可以产在陆地上，远离水体。这种带硬壳，有水保护着胚胎的卵，就叫作"羊膜卵"，其中的水叫作"羊水"。能够生产羊膜卵的动物就叫作"羊膜动物"，包括爬行动物，鸟类和哺乳动物都属于羊膜动物。

爬行动物是最早出现的羊膜动物。它们把卵产在陆地上，幼年爬行动物一出壳就在陆地上生活，一生都能在陆地上生活。所以我们才把爬行动物叫作真正的陆生脊椎动物。羊膜卵的出现是脊椎动物进化史上的一个里程碑。羊膜卵使脊椎动物完全摆脱了对水环境的依赖，得以在陆地上繁衍生息，终于成为陆地上的统治者。

目前，发现的最古老的爬行动物叫作林蜥，生活在3.2亿年前的石炭纪晚期。林蜥的化石是在一种高大的蕨类植物的空树干中间发现的。乔木型蕨类植物和现代的裸子植物、被子植物的树干不同，它们的树干都是空心的。发现林蜥化石的树叫作封印木，一般可高达30米，在其中发现了最早期的爬行动物化石，是早期爬行动物生活在树干中呢，还是它临时在树干中躲避灾难呢，还是

林蜥

死后被洪水冲到树干中去的呢？目前还不太清楚。

　　尽管林蜥是目前发现的最古老的爬行动物，但是根据其身体特征来看，已经很进步了。所以林蜥不是最原始的爬行动物。后来在美国二叠纪早期的地层中发现的蜥螈（也叫西蒙螈）显示出了两栖动物和爬行动物之间的过渡特征。蜥螈生活在两亿八千万年前，比林蜥晚了四千万年！它的头骨和牙齿保持了两栖动物的特征，头骨大而坚硬，脖子不明显等。整个身体的骨骼结构则属于爬行动物类型，荐椎已经愈合了，对后肢有了更加坚固的支持。由于蜥螈具有两栖动物和爬行动物的双重特征，所以有的科学家把它放在爬行动物中，有的科学家则把它放在两栖动物中。它的分类位置总是在这两大类动物之间徘徊。由此看出，蜥螈是两栖动物和爬行动物之间的过渡类型。后来，科学家又发现了蜥螈的蝌蚪才确认蜥螈是两栖动物。

　　爬行动物是卵生的，它们把卵产在陆地上，产在温

西蒙螈 —— 引自 *Purnell's Prehi-storic ATLAS*《珀内尔史前画册》；作者：P.Arduini and G. Teruzzi；出版：Purnell；©1982 Vallardi Industrie Grafiche,Published in UK by Purnell Book. ISBN 0 361 05883 7

南雄恐龙蛋

暖的、阳光明媚的地方。大部分爬行动物身上没有羽毛，也没有像哺乳动物那样的毛，它们不会孵蛋，只能靠外界的温度，比如阳光的照射使卵得到足够的温暖，最后孵化出来。还有的爬行动物把卵产在植物叶子堆中，借助植物腐烂时产生的热量使卵得到孵化。不过最新研究结果显示，很多食肉恐龙身上都有羽毛，它们都是自己孵蛋的。比如，著名的窃蛋龙，一开始认为它在偷别的恐龙的蛋，后来发现了越来越多的窃蛋龙趴在蛋窝上，科学家才重新审视！原来窃蛋龙趴在蛋窝上是在孵自己下的蛋。

　　总而言之，羊膜卵的产生使爬行动物不用再回到水中去产卵，正是由于这个优势，再加上身体其他方面对陆地的适应，使得爬行动物的生存空间不断扩大，可以生活到远离水体的平原、山区、森林、草原，甚至干旱的荒漠中。

茂密的石炭纪蕨类植物——引自北京自然博物馆《生物史图说》

石炭纪到二叠纪早期是爬行动物刚刚出现的时期，这时期地壳运动频繁，海平面不断升降，许多地区有时是大海、有时是陆地。这些地区气候潮湿，水分充足，沼泽遍布。在这种环境中，植物迅速发展进化。裸蕨类植物很快就从矮小的灌木发育成高大的乔木，包括：石松类、芦木类、真蕨类等。在古生代末期更加高等的裸子植物也出现了，包括银杏类、苏铁类和松柏类植物。它们和蕨类植物一起形成了茂密的沼泽森林。这一时期的沼泽森林虽然远离我们有3亿年之遥，却也为我们人类造了福——形成了丰富的煤矿。在古生代晚期，这些植物水分充足，营养丰富，为刚刚登陆的脊椎动物提供了丰富的食物。

比起两栖动物，爬行动物身体更适应陆地生活。爬行动物的皮肤已经不具备呼吸功能，这时它们的肺更加完善。皮肤角质化加强，长出了各种各样的鳞片，更有效地防止水分的丧失。爬行动物的鳞片十分发达。有些种类，如龟鳖类的皮肤鳞很厚，还和体内的骨骼形成骨板联合起来共同起防护的作用。由于有的种类体外的鳞角质化以后就不再生长了，可是动物总是要继续长大的，于是就出现了蜕皮的现象。相信许多读者都见到过蛇蜕，这是由于蛇长大了，蛇皮不会再长大了，蛇就只能脱掉这层外衣，然后再长出一层新的蛇皮来。蜥蜴的外皮也经常大片大片地脱落。还有一类恐龙的鳞衍生出羽毛，进化成带羽毛的恐龙和鸟类。

爬行动物的骨骼更加坚实，脊椎骨化程度更深，特别是爬行动物的颈椎数目增加很多，与头部相连的两块颈椎又特化成寰椎和枢椎，寰椎是一个圈，嵌在头骨上，枢椎有一个棒状突起可以伸进寰椎内，于是爬行动物的头的活动就

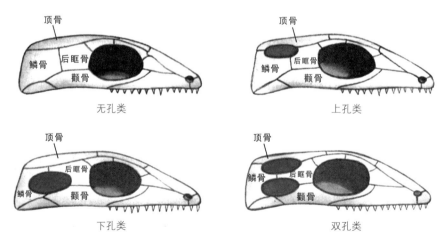

无孔类　　　上孔类　　　下孔类　　　双孔类

爬行动物头骨模式（其中下孔类已不属于爬行动物）——引自 *Purnell's Prehistoric ATLAS*《珀内尔史前画册》：P. Arduini and G. Teruzzi；出版：Purnell；©1982 Vallardi Industrie Grafiche, Published in UK by Purnell Book. ISBN 0 361 05883 7

更加灵活。

　　通过对现在爬行动物的研究发现它们的膀胱有回收水分的功能，可以维持体内的水分不至于快速丧失，这一功能使得爬行动物能够在干旱的地区生活。

　　爬行动物的头骨上有许多孔，一方面可以在不降低牢固程度的情况下，减低头骨的重量；另一方面，孔上可以附着肌肉，特别是位于眼眶后部的孔，叫作颞孔，是专门附着供张嘴闭嘴和咀嚼肌肉的地方。颞孔的有无和位置是爬行动物分类的重要依据。同时根据颞孔的变化还能追溯爬行动物的演化过程。

　　在爬行动物中，无孔类的眼眶后面没有孔，属于比较原始的类型，最早期的爬行动物林蜥就是无孔类，无孔类还包括龟鳖类和已经灭绝的杯龙类。

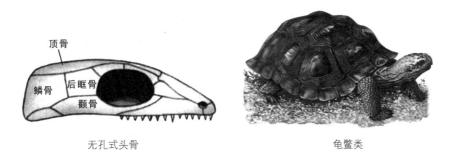

无孔式头骨　　　　　　　　　　　　　　龟鳖类

无孔类头骨及其动物——参考*Purnell's Prehistoric ATLAS*《珀内尔史前画册》: P. Arduini and G. Teruzzi；出版: Purnell；©1982 Vallardi Industrie Grafiche, Published in UK by Purnell Book. ISBN 0 361 05883 7及《世界动物图鉴》

　　上孔类，也叫调孔类，颞颥孔也是一个，但是位置靠上，包括大部分水生爬行动物，比如鱼龙类、幻龙类、蛇颈龙类、楯齿龙类等。著名的贵州龙就属于上孔类爬行动物（注意：贵州龙可不属于恐龙！）。上孔类在白垩纪末期和恐龙一起全部灭绝。

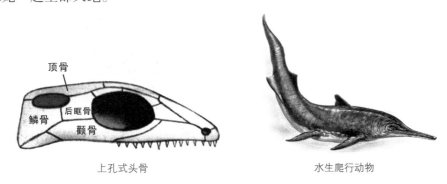

上孔式头骨　　　　　　　　　　　　　　水生爬行动物

上孔类头骨及其动——参考*Purnell's Prehistoric ATLAS*《珀内尔史前画册》: P. Arduini and G. Teruzzi；出版: Purnell；©1982 Vallardi Industrie Grafiche, Published in UK by Purnell Book. ISBN 0 361 05883 7

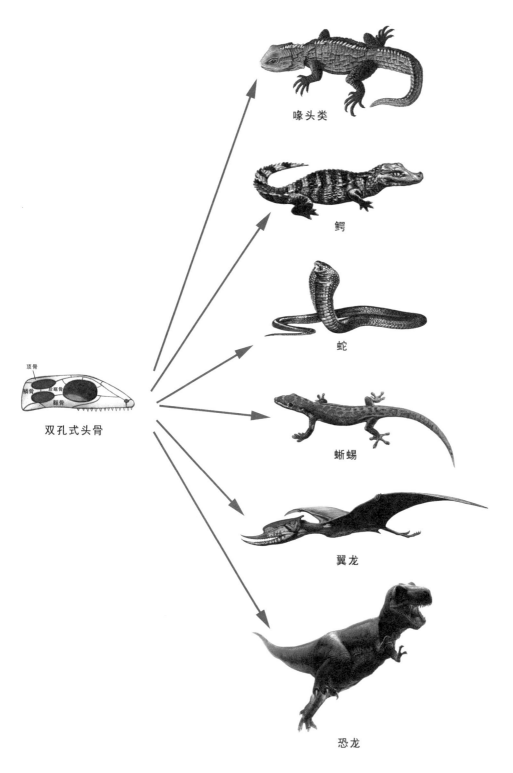

喙头类

鳄

蛇

蜥蜴

翼龙

恐龙

顶骨

鳞骨

后眶骨

颊骨

双孔式头骨

双孔类头骨及其动——参考 *Purnell's Prehistoric ATLAS* 《珀内尔史前画册》: P. Arduini and G. Teruzzi; 出版: Purnell; ©1982 Vallardi Industrie Grafiche, Published in UK by Purnell Book. ISBN 0 361 05883 7

双孔类的种类最多，它们的眼眶后面有两个孔。恐龙就属于双孔类。所以我们看恐龙头骨的时候就觉得有许多孔，使恐龙头骨看起来像一个笼子。双孔类还包括许多其他爬行动物，比如现生的鳄鱼、蛇和蜥蜴都属于双孔类，以及有活化石之称的喙头蜥。另外，中生代期间在天空飞翔的翼龙类也是双孔类家族的成员。

下孔类现在已经灭绝了，它们在眼眶后面有一个孔，位置靠下。科学家很早发现下孔类和哺乳动物有着密切的亲缘关系，其中包括我们哺乳动物的祖先。所以长期以来，科学界一直把下孔类称为"似哺乳爬行动物"。但是，近年来随着分支系统学在脊椎动物分类中的广泛应用，发现下孔类虽然"似哺乳"，但并不属于"爬行动物"。它们和哺乳动物属于一个进化支系，早在3.3亿年前的中石炭世就与爬行动物分道扬镳了。所以，原来的似哺乳爬行动物现在叫作"基干下孔类"。

下孔式头骨　　　　　　　　　　　　　　似哺乳爬行动物

下孔类头骨及其动物——参考 Purnell's Prehistoric ATLAS《珀内尔史前画册》：P. Arduini and G. Teruzzi；出版：Purnell；©1982 Vallardi Industrie Grafiche, Published in UK by Purnell Book. ISBN 0 361 05883 7

【小知识】脊椎的分化：鱼类脊柱上的脊椎的形状都差不多，而陆生脊椎动物脊柱上的脊椎则根据位置不同分化出不同的形状，执行不同的功能。一般情况下，从前向后脊椎分化成：颈椎、胸椎、腰椎、荐椎和尾椎。胸椎和腰椎又统称为背椎。其中颈椎就是脖子中的脊椎，胸椎上接肋骨，腰椎没有肋骨（个别动物除外），荐椎是联结后肢的纽带，尾巴中的脊椎都是尾椎。

中生代

（2.52亿年前—6600万年前）

中生代是爬行动物时代。脊椎动物在晚古生代登陆成功后，到了中生代更得到了空前发展，特别是陆地上出现了恐龙！它们种类繁多，形态各异，有些身体庞大！不仅仅是古生物学家，就连普通老百姓都对恐龙十分关注。还有一个吸引了众多关注的生物事件发生在中生代末期，那就是著名的恐龙灭绝事件。恐龙灭绝的原因至今还是一个谜！

在植物方面，蕨类植物和裸子植物繁盛，其中蕨类植物是食植物恐龙的主要食物。在裸子植物中有各种苏铁、银杏。在侏罗纪期间形成的很多茂密的森林，在被埋入地下后，最终形成了现在的很多大型煤矿。

在中生代的海洋中，无脊椎动物继续繁盛。比如，菊石在中生代的海洋中得到了空前的发展，演化迅速，适应能力强，缝合线复杂，个体增大，外壳直径可达到2米！海洋中生机盎然，食物丰富。这就吸引了一些陆地动物。一些已经能够在陆地上生活的爬行动物又返回到海洋中，演化出奇特的海生爬行动物。比如鱼龙、蛇颈龙、沧龙等海洋怪物。但是，它们已经不能像它们的鱼祖先那样用鳃呼吸了！科学家推测，这些海生爬行动物就像今天的鲸类动物那样，每隔一段时间到海面上来呼吸空气！

进入中生代，爬行动物很快就占领了陆地上的各种生态领域。恐龙应运而生！陆地上恐龙占据着大量生存空间，海洋和其他水环境中由鱼龙、蛇颈龙、沧龙爬行动物统治着，于是中生代被称为爬行动物时代，也有人把中生代叫作恐龙时代的。但是，这里应该提醒读者一下，不是所有叫作龙的动物都是恐龙，恐龙是有着严格的科学定义的。

繁盛的恐龙世界

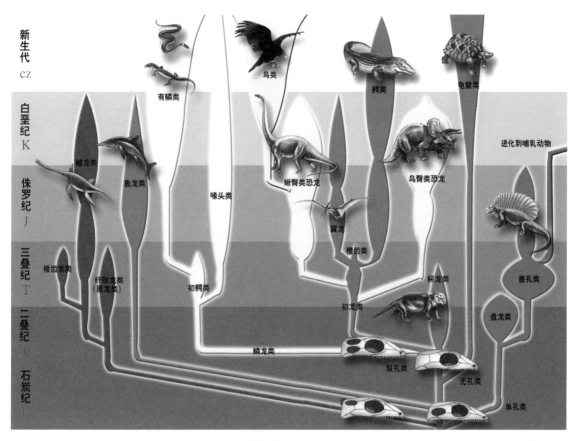

新生代
CZ

白垩纪
K

侏罗纪
J

三叠纪
T

二叠纪
P

石炭纪
C

有鳞类

鸟类

鳄类

龟鳖类

蛇颈龙类

鱼龙类

进化到哺乳动物

蜥臀类恐龙

鸟臀类恐龙

喙头类

楯齿龙类

纤肢龙类（原龙类）

初鳄类

翼龙

槽齿类

杯龙类

兽孔类

初龙类

盘龙类

鳞龙类

双孔类

无孔类

单孔类

爬行动物的分类演化图——参考 *Purnell's Prehistoric ATLAS*《珀内尔史前画册》

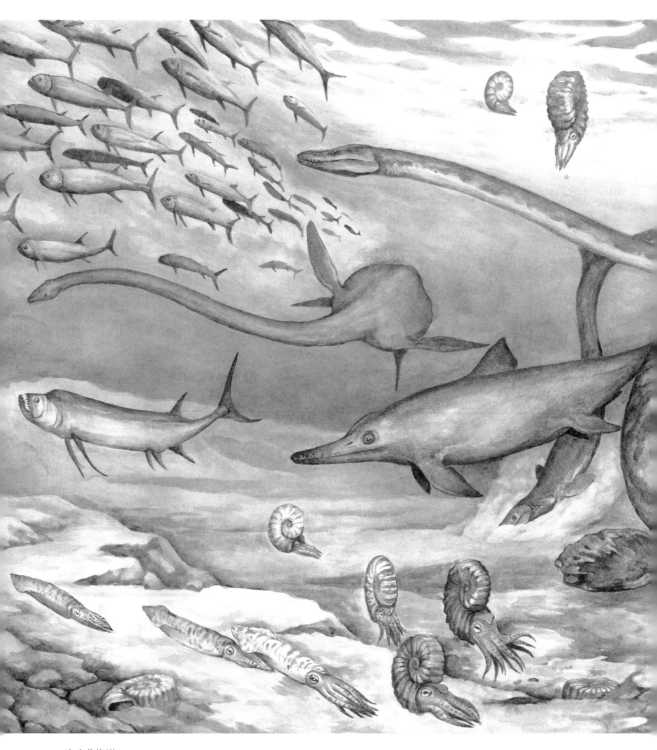

中生代海洋

新生代
（6600万年前—现在）

　　恐龙的灭绝标志着中生代的结束，新生代的开始。恐龙的灭绝为长期遭受恐龙压制的哺乳动物提供了长足的发展机会。哺乳动物是在2.3亿年前和恐龙一起出现在地球上的，还具有恒温、胎生、哺乳等先进性状。但是在中生代期间，气候温暖潮湿，植被茂盛，恐龙等爬行动物捷足先登，率先占据着大量的生态空间而迅速发展，而哺乳动物一直在恐龙等爬行动物的夹缝中生存，所以个体很小，当时最大的哺乳动物只和现在的猫、狗一样大，而且数量十分稀少，使得现在很难找到中生代期间的哺乳动物化石。

　　恐龙灭绝以后，哺乳动物得到了迅速发展，很快占领了恐龙腾出来的大量的生存空间，并向陆地和海洋发展。其个体大小，读者朋友都很熟悉，大象，长颈鹿，犀牛，甚至海中的鲸鱼，远远大于中生代哺乳动物的个体大小。新生代还有一个十分重要的事件！那就是人类的出现。人类历经古猿、能人、直立人、智人阶段，演化出了现代人。其实，从生物学角度看来，我们现代人就是"智人种"！

新生代生物面貌

中国恐龙

中国是世界上产出恐龙种类最多的国家，截至2019年，中国已经发现并命名了322种恐龙，排名世界第一，排名世界第二的美国也只有275种。大家都知道恐龙生活在中生代的陆地上，因此只要有中生代陆地上的河流、湖泊中的形成的地层中才有可能发现恐龙化石。科学上把在陆地上的河流、湖泊等地方的沉积，叫作陆相沉积，在海中形成的沉积叫作海相沉积，另外还有海陆交互相沉积等。中国中生代的陆相沉积特别多，出露的也特别多，这就决定了中国恐龙化石也特别多。

四川被誉为恐龙之乡，中国许多著名的恐龙都是四川出土的，恐龙化石点在四川省星罗棋布。另外就是云南、内蒙古、山东、黑龙江和新疆等地。河南以前因为出土了大量的恐龙蛋也闻名遐迩。2005年以后陆续发现了许多大型恐龙，其中就包括世界上最大恐龙——巨型汝阳龙。

中国有辽阔中生代的陆相地层出露，其中保存着大量的恐龙化石。在中国大地上，除了台湾、海南和福建，其他省份都发现过恐龙活动的痕迹：东起濒临东海的山东半岛、西达白雪皑皑的天山脚下、北从内蒙古的戈壁荒漠与黑龙江的黑山白水、南到亚热带的云南与广东。中国的恐龙化石展示了演化史中完整无缺的悠悠地史。

中国恐龙的特点

　　中国恐龙的主要特点就是地理和时代分布广泛，地理分布上除了少数几个省市，均有恐龙化石或足迹的发现；这一点是其他国家都无法比拟的：三叠纪晚期在四川彭县（现彭州市）发现过蜥脚型类恐龙的足迹；侏罗纪早期的恐龙集中在云南，中期的恐龙集中在四川自贡和新疆等地，四川其他大部分地区晚侏罗世的恐龙特别丰富；内蒙古和辽宁西部地区白垩纪早期的地层出露丰富；山东，内蒙古以及黑龙江等地富产白垩纪晚期的恐龙化石。

　　中国的恐龙一直受到全世界恐龙研究人员及爱好者的青睐，许多国家纷纷邀请中国恐龙到他们的国家展出。

中国恐龙展览在澳大利亚展出

中国恐龙的发现和研究历史

其实，在中国恐龙化石很早就被发现了，年代久远已无从考证。不过，发现的时候并没有被认识到是恐龙化石。中国第一只被科学描述的恐龙化石是1902年在黑龙江附近的嘉荫县发现的。这是化石最先由俄罗斯人在嘉荫县收集到，开始被认为是猛犸象化石。1914年，俄罗斯人根据上述线索又来到嘉荫并找到了原始层位，并于1916–1917年进行了发掘，1930年命名为黑龙江满洲龙（*Mandschurosaurus amurensis*），现在这具化石骨架现陈列在俄罗斯圣比德堡中心地质博物馆。

在中国发现的第二批龙是盘足龙和谭氏龙，瑞典科学家于1913年发现，1923年发掘，1929年命名的师氏盘足龙（*Euhelopus zdanskyi*）和中国谭氏龙（*Tanius sinensis*）是在山东蒙阴发现的，现在保存在瑞典乌普萨拉大学的博物馆中。

黑龙江满洲龙骨架

盘足龙颈部

禄丰恐龙谷

　　1938年10月，中国古脊椎动物学之父杨钟健在云南禄丰发现并命名了许氏禄丰龙。这是第一具完全由中国科学家自己发现、采集并研究的恐龙，由从此开始了中国恐龙的研究。许氏禄丰龙是在云南禄丰地区侏罗纪早期的地层中发现的，这一惊人的发掘被认为是中国科学史上的壮举。1941年，中国有史以来第一次复原装架标本，将许氏禄丰龙公之于世。今天的禄丰盆地举世闻名，成为恐龙的圣地。经过长期的发掘、研究，禄丰地区的恐龙研究已经形成规模，相继发掘了大量的恐龙化石组成禄丰蜥龙动物群。禄丰蜥龙动物群的研究，确定了中国最早期恐龙的面貌，也显示了侏罗纪早期恐龙从欧洲迁徙到亚洲的历程。禄丰蜥龙动物群的研究成果举世瞩目。目前，在禄丰龙产地，当地政府建立"世界恐龙谷"，作为一个旅游地，向世界展示禄丰恐龙的风采！

　　四川也是我国盛产恐龙化石的地方，有句恐龙界的名言：四川恐龙多，自贡是个窝！1972年，一位地质工作者在自贡地区采集到了一批恐龙骨骼化石，拉开自贡地区"恐龙大戏"的篇章。1982年，董枝明先生研究了自贡地区中侏罗世的剑龙类恐龙——太白华阳龙，揭开了自贡恐龙大发现和研究的序幕，也开创了我国侏罗纪中期的恐龙研究的先河，在世界上享有很高的声誉。四川自贡地区很快成了全世界侏罗纪中期恐龙的研究中心。从此，一支支考察队、发掘队纷至沓来。自贡郊区的大山铺发现了恐龙"墓地"，大量的恐龙化石源源不断地从大山铺发掘出来，运送到不同的博物馆。这其中包括：完整骨架的蜥脚类、食肉类、剑龙类、鸟脚类等恐龙，以及翼龙类、两栖类与鱼类化石。大山铺恐龙"墓地"现已经被证实是中国及全世界恐龙埋藏遗址中最丰富、最重要的地点之一。据估算，含有化石的面积超过二万平方米，挖掘工作目前仍然在进行中。这个遗址重要性不仅仅在其恐龙化石含量之丰富，尤其是极其珍稀的侏罗纪中期的恐龙族群；同时也以其生物种类的多样性吸引着世人的目光。它填补了一段恐龙演化史中缺失的环节。

鉴于化石层出不穷，以及其重要的科学意义，更因为大山铺的化石点交通方便，国家有关部门决定在这里建立一个遗址博物馆。1987年，一座崭新的博物馆——自贡恐龙博物馆建成。这是亚洲有史以来第一座，也是亚洲最大的恐龙博物馆。博物馆门厅石壁上铭刻"恐龙群窟，世界奇观"！

自贡大山铺代表着中侏罗世的恐龙动物群。这一时期的动物群在世界其他地方也很少发现，这就使得自贡恐龙博物馆成为世界上中侏罗世恐龙研究的中心。自贡大山铺的恐龙被称为蜀龙动物群，主要包括李氏蜀龙、天府峨眉龙、太白华阳龙、建设气龙、自贡四川龙，以及其他爬行动物，如长头狭鼻翼龙和杨氏璧山上龙等。大山铺恐龙化石群丰富的古脊椎动物类群及其原始种类与进步种类共存的特点，充分展现了蜀龙动物群是一个承上启下的恐龙动物群。蜀龙动物群的化石在西藏的昌都盆地以及新疆准噶尔盆地都有发现，充分显示了蜀龙动物群广泛分布于中国古大陆，由西藏东缘一直延伸到四川盆地，因为那时这里是一个广阔的平原。对于侏罗纪中期恐龙的研究，中国处于世界领先水平。通过对侏罗纪中期恐龙化石的研究确定了禄丰蜥龙动物群向后来的马门溪龙动物群演化的过程。2008年，这里被联合国教科文组织正式批准成为"自贡世界地质公园"。

我国四川盆地出土了大量的侏罗纪晚期的恐龙，马门溪龙、永川龙、沱江龙等中国著名的恐龙都是在四川盆地产出的，可以和美国的侏罗纪晚期的恐龙，如梁龙，异特龙等恐龙相比较。这个动物群被命名为马门溪龙动物群。马门溪龙动物群代表着侏罗纪晚期的恐龙面貌，它们数量很大，中国科学家为它们创造了一个新科，使中国科学家对马门溪龙的研究受到世界的重视。

鹦鹉嘴龙——翼龙动物群，也是亚洲特有的动物群，代表着白垩纪早期亚洲

自贡世界地质公园

恐龙群的面貌。特别是20世纪80年代末以来，辽西地区早白垩世地层中发现了大量带毛恐龙以及鸟化石的研究成果使得中国恐龙研究的地位迅速提高，中国的恐龙研究水平走入世界先进行列。

马门溪龙动物群复原图——古脊椎动物与古人类研究所李荣山绘制

白垩纪晚期在中国出土了许多鸭嘴龙类化石，比如山东半岛、内蒙古二连浩特、黑龙江等地都出土了很完整的鸭嘴龙类化石，山东诸城出土的巨型山东龙是世界上最大的鸭嘴龙类化石，也引起了全世界的重视。

另外，在对恐龙蛋和恐龙足迹的研究方面，中国科学家的研究也令世人瞩目，为此日本和美国科学家来中国联合中国科学家对中国的恐龙足迹进行了大范围的考察，并聘请中国科学家出国对亚洲其他国家的恐龙足迹及恐龙化石进行联合考察，都说明了中国恐龙足迹的研究处于世界先进水平。我国一直是恐龙蛋发现最多的国家，研究成果也受到了世界级专家的好评。

恐龙之乡
——四川盆地

四川盆地，是主要由长江水系的四个支流汇集滋养的盆地，盆地内大面积出露中生代陆相沉积岩。其中有丰富的恐龙化石，主要保存在侏罗纪中期到晚期的岩石之中。上面提到的自贡就地处四川盆地中部，代表着时代比较早的侏罗纪中期的恐龙动物群。此外，其他大部分地区广泛出露了侏罗纪晚期的地层。大家都知道，侏罗纪晚期是恐龙最繁盛的时期，许多最大的恐龙都是这个时期出现的，其中蜥脚类恐龙最为繁盛。

著名的合川马门溪龙、上游永川龙、多棘沱江龙、甘氏四川龙等都是在四川盆地发现的，四川盆地是世界上恐龙化石保存最丰富的地区。中生代期间，这里气候温暖而潮湿、植物茂盛，各种其他生物也十分繁盛，到处生机盎然。四川盆地被誉为恐龙之乡。

新疆的恐龙

新疆最早发现的恐龙时间是1930年。这年，中国著名的地质学家袁复礼先生随中瑞（典）科学考察团来到新疆，在准噶尔盆地将军戈壁一带的晚侏罗世地层中发掘出两架形体完整、骨骼框架清晰的恐龙化石。后经杨钟健教授鉴定，于

单脊龙复原雕像

苏氏巧龙——引自 *Dinosaurs fron China*《中国恐龙》；作者：董枝明；出版：英国自然博物馆 中国海洋出版社；©中国海洋
出版社 1987，1988；ISBN 0-565-01073-5，0-565-01074-3 Pbk

1937年命名为"奇台天山龙"（*Tienshanosaurus chitaiensis*）。这是新疆最早发现的恐龙。

之后，特别是中华人民共和国成立以后，各种考察队在新疆进行了全方位的考察，分别在准噶尔盆地和吐鲁番盆地发现并出土了大量的恐龙化石。其中，世界排名第二长的中加马门溪龙就是于1987年由中国-加拿大联合考察时在准噶尔盆地的奇台将军庙附近发现的。

著名的江氏单脊龙是一种中等大小的食肉恐龙，它头颅硕大、下颌瘦长，头上有一个奇特的头饰，头骨中有一个脊状突，故称单嵴龙。它活着时身长约6米，身高2米，头骨长67厘米，在北京的中国科学院古脊椎动物与古人类研究所门前有专门制作的单脊龙的雕像。

苏氏巧龙是一种小型的蜥脚类恐龙，生活在1.7亿多年以前的侏罗纪中期，它身长约4.8米，颈项短小，身体小巧灵活，在蜥脚类恐龙中属于矫健的类型，它的脖子在跑动的时候可以伸得很直。在克拉玛依地区的恐龙沟的一个发掘点内就发现了十七具巧龙化石个体。由此可见，巧龙是成群结队生活在一起的。根据它们的形态做进一步分析推断，这群巧龙可能是未成年的幼体族群。

到了白垩纪早期的时候，准噶尔盆地有一个大湖泊，被称之为吐谷鲁古湖，有9万平方千米。在这里发现了鹦鹉嘴龙的化石残骸，不过，最丰富的化石群是翼龙类的准噶尔翼龙，因而被称之为准噶尔翼龙动物群。

在准噶尔盆地的白垩纪地层中，发现过三种兽脚类恐龙。艾里克敏捷龙是一种小型的食肉恐龙；小巧吐谷鲁龙，也是一种小型兽脚类，可能归属似鸟龙类；石油克拉玛依龙属巨齿龙类，是白垩纪早期一种极大型的食肉类恐龙。这里出土的中国伶盗龙化石是一具兽脚类几近完整无缺的恐龙骨架；平坦乌尔禾龙是一种大型的剑龙类，与北美洲的剑龙形态极为相似，骨板呈梨形，体长可达7米。

新疆另一个盛产恐龙的地方是吐鲁番盆地。吐鲁番盆地是一个小型的山间盆地，位居天山山脉的东南面，吸取天山之水。吐鲁番盆地的北翼，就是东西走向的火焰山，从火焰山的名称就能够推断，那里的地层是红色的，时代属于白垩纪时期，其中富含恐龙化石。

火焰山鄯善龙是采集自吐鲁番盆地的一种极有趣的小型食肉类恐龙。它活跃而敏捷，体长大约2米，有很大的眼眶，前肢短小，胫骨比股骨要长，由此可见它是一种善于两足奔跑的恐龙。

最为著名的是于2012年发现，2013年命名的鄯善新疆巨龙（*Xinjiangtitan shanshanensis*）。这条恐龙体型巨大，体长30多米，仅股骨就长达2米！

鄯善新疆巨龙埋藏状态（模型）

过去蜥脚类恐龙脚的展出姿态

1992年中日联合对火焰山地区考察的时候，考察队发现了一条比合川马门溪龙还大的蜥脚类恐龙，命名为中日蝶龙（*Hudiesaurus sinojapanorum*）。它的大脊椎有些像蝴蝶，仅一枚脊椎就有一米多高，70多厘米长，估计这条恐龙活着的时候身长可达30米！值得一提的是中日蝶龙的前肢解决了一个长期以来悬而未决的问题：以前，许多博物馆在展览蜥脚类恐龙的时候，它们的四只脚都是和现代鳄鱼和蜥蜴那样，是五趾（或四趾）叉开的，可是科学家们根据力学分析，这样叉开的脚不可能支持那么庞大的身躯，于是有些科学家认为这些大型蜥脚类恐龙可能是生活在水里的。后来，科学家们发现了蜥脚类恐龙的足

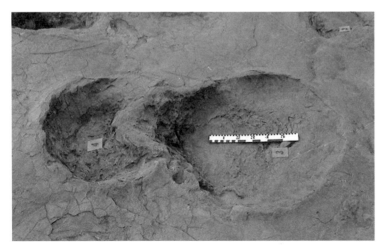

蜥脚类足迹——李大庆提供

中日蝶龙脚部姿态——
引自董志明《亚洲恐龙》

迹是在河边或者湖边行走的，而那些脚印是圆形或者椭圆形的，很像大象的脚印。科学家们就推测蜥脚类恐龙的脚很可能像大象那样脚趾并拢的，但并无化石证据。在吐鲁番盆地的发现证实了科学家的这种推断，这具化石前肢上的脚保存得十分完整，科学家清楚看到，腕骨和掌骨都是垂直向下的，而且是并拢的，确实和大象的脚一样。

2007年，在吐鲁番的鄯善县城以东30千米的地方发现了侏罗纪时期的恐龙足迹。这里的岩层基本直立，恐龙足迹化石是在砂岩层底面保存的凸出来的足迹铸模。在200平方米的岩壁上发现了155个三趾型兽脚类恐龙足迹。经鉴定，这批足迹属于杨钟健教授1960年建立的恐龙足迹种——石炭张北足迹。这是新疆首次发现的恐龙足迹化石。之后，在准噶尔盆地还发现了恐龙、翼龙和鸟类的足迹化石组合。

鄯善恐龙足迹

山东的恐龙

山东是中国最早发现和研究恐龙化石的地方。1913年在蒙阴发现盘足龙，20世纪20年代在莱阳首次发现恐龙化石。50年代，又在莱阳发现了大量的以青岛龙、谭氏龙和鹦鹉嘴龙为代表的恐龙骨骼化石和蛋化石，2008年至2010年，在莱阳进行的大规模的发掘，发掘到大量的恐龙化石。其中，最引人注目的是自1964年8月发现第一具巨型山东龙骨架化石，此后在诸城连续不断地有类似的巨型鸭嘴龙化石的发现。从2008年开始，诸城市政府对诸城吕标镇库沟村和黄龙沟等

山东诸城龙骨涧——张艳霞提供

盘足龙骨架

地进行了大规模的发掘，揭露出了世界上最大面积的恐龙化石保存现场，成为震惊世界的最大恐龙墓地。

1913年在山东蒙阴发现的恐龙化石是继1902年黑龙江嘉荫发现恐龙化石以后，中国境内第二次发现恐龙化石。这批恐龙化石于1929年被命名为师氏盘足龙（*Euhelopus zdanskyi*）和中国谭氏龙（*Tanius sinensis*），现陈列在瑞典乌普萨拉大学演化博物馆。

莱阳地区地层齐全，早白垩世和晚白垩世地层中都有恐龙化石的发现。早白垩世地层中保存了以鹦鹉嘴龙为主的热河生物群分子；在晚白垩世的地层中发掘了中国谭氏龙和棘鼻青岛龙，以及大量恐龙蛋化石。莱阳金刚口就是著名的棘鼻青岛龙的命名地。

　　1923年，中国地质学家谭锡畴在莱阳将军顶天桥屯采集到一批恐龙化石，后经德国科学家Wiman研究命名为中国谭氏龙，以纪念谭锡畴先生在采集化石中的贡献。谭氏龙属于平头鸭嘴龙类，以植物为食，生活在距今7300万年前的晚白垩世。1958年，杨钟健又命名了谭氏龙的第二个种，金刚口谭氏龙（*Tanius*

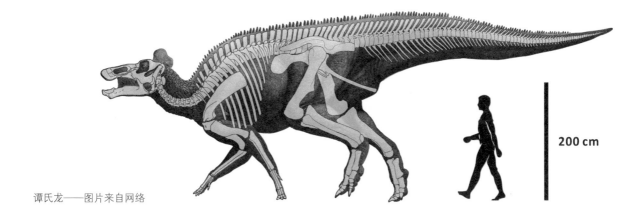

谭氏龙——图片来自网络

200 cm

chingkankouensis Young）。1976年，北京自然博物馆联合山东大学又在金刚口采集到一批化石，由甄朔南命名为莱阳谭氏龙，但是，后来被认为是金刚口谭氏龙的同物异名。谭氏龙属于大型恐龙，体长8－9米。

鹦鹉嘴龙化石发现于莱阳县城附近东北方向，并由杨钟健于1958年研究命名为中国鹦鹉嘴龙。1962年，赵喜进又根据同一产地发现的化石命名了一个新种：杨氏鹦鹉嘴龙，后来被认为是中国鹦鹉嘴龙的同物异名。

1995年，法国古生物学家比弗托（Eric Buffetaut）和佟海燕在20世纪20年代谭锡畴等采集的化石当中又识别出格氏绘龙。格氏绘龙属于甲龙类，身披排列成行的钉状、盾状甲片，身子扁宽，腿和颈部短，尾巴强壮而有力，所以又被称为"坦克恐龙"。绘龙体长约5米，体重约2吨。格氏绘龙生活在距今7300万年前的晚白垩世，以植物为食。

1972年，董枝明在莱阳火车站西南的红土崖采集到一个小型肿头龙化石，并将其命名为红土崖小肿头龙。这条恐龙 身长约50－60厘米，头顶上的骨骼加厚，但是比较平，不拱起，因此属于头骨不拱起来的肿头龙类，叫作"平头龙类"。红土崖小肿头龙生活在7300万年前的白垩纪晚期，以植物为食。

莱阳含恐龙化石地层——引自张嘉良，王强等，2017，山东莱阳晚白垩世恐龙与恐龙蛋研究历史和新进展，《古脊椎动物学报》Vol. 55, No. 2

甲龙复原图——北京自然博物馆戎又荃绘制

莱阳是中华人民共和国成立以后最早发现恐龙蛋化石的地方。最早在20世纪20年代就有恐龙蛋化石的发现，1959年开始对恐龙蛋化石进行系统研究并率先进行蛋壳微体研究，开创了现代恐龙蛋研究分类的方法。到目前为止，在莱阳地区已经发现的恐龙蛋化石包括4个科，5个属，11个种，其中绝大多数都是以莱阳地区发现的恐龙蛋化石为基础建立的。

2008以来，中国科学院古脊椎动物与古人类研究所的科学家在莱阳进行新一轮的发掘工作，除了杨钟健发掘的棘鼻青岛龙产地外，又新发现了十余个化石点，除了恐龙蛋化石以外，还发现了龟鳖类蛋蛋化石（莱阳水龟蛋），以及新的

产自莱阳金岗口的长形蛋——引自赵资奎2015

产自莱阳金岗口的圆形蛋

鸭嘴龙属种——杨氏莱阳龙（*Laiyangosaurus youngi* Zhang et al. 2017）。杨氏莱阳龙是鸭嘴龙类栉龙亚科的成员，属于头上没有顶饰的平头鸭嘴龙。杨氏莱阳龙在口腔中面颊位置上有成百上千枚小牙齿，用来磨碎植物，这种结构使得莱阳龙具备了优于其他植食性恐龙的消化能力。莱阳龙身体健硕，尾巴粗壮，四肢长，既能以四肢行走，也能以后肢站立行走。

1964年8月，地质部第一普查大队在诸城吕标镇库沟村龙骨涧发现大型恐龙化石。在后来的几年里，地质部第一普查大队联合中国地质科学院和中国地质博物馆对这个地点先后5年进行了4次大规模发掘。经过整理和研究，胡承志于1973年研究命名了巨型山东龙。1980年开始，中国科学院古脊椎动物与古人类研究所开始对诸城的恐龙进行考察和研究，先后命名了巨大诸城龙和巨大华夏龙。经后来的研究，发现这些都是巨型山东龙。

杨氏莱阳龙生活复原图

2008年以来，诸城政府和有关科研单位共同对诸城盆地30余处化石点进行了大面积挖掘，发现了迄今世界最大规模的恐龙化石埋藏地质奇观，埋藏总面积达1600平方千米，并且化石埋藏量丰富，富集程度高，而且同时还埋藏有恐龙蛋化石和恐龙足迹化石。因此，山东诸城被古生物学家誉为"世界恐龙化石宝库"。

大面积的恐龙化石

丰富的恐龙化石

巨型山东龙骨架

诸城中国角龙是北美以外首次发现的角龙类化石，也是中国发现的第一批角龙化石。诸城中国角龙属于大型角龙类，仅头骨长达就1.8米，体长估计超过7米！头骨上的顶骨后边缘有10多个粗壮弯曲的角型突起。诸城中国角龙生活在7000万年前的晚白垩世，以植物为食。考虑到世界上的原始角龙（基干角龙类）基本都是在中国发现的，原角龙类化石在中国内蒙古和蒙古国都有大量发现，科学家认为角龙类是在中国起源的。

胡承志曾经在库沟龙骨涧发现的4枚牙齿和一块跖骨化石，经鉴定属于世界著名的恐龙——霸王龙，并建立了一个新种。这是2008年之前在诸城发现的唯一的兽脚类恐龙化石材料。在霸王龙骨架化石上，科学家发现霸王龙在下颌骨的前面正中间的一个裂缝，并不是化石保存或者运输时破裂的，而是原始骨骼就有裂缝。因此，科学家推测霸王龙在进食时，不仅血盆大口能上下

诸城暴龙骨架——张艳霞提供

张开，而且下颌还能左右打开，这样就加大了霸王龙进食时猎物的个体。

　　2008年的大发掘过程中，发掘队在臧家庄发现了大量兽脚类头骨和头后骨骼化石。据此，研究人员建立了新属种——巨型诸城暴龙。巨型诸城暴龙个体很大，相当于在蒙古发现的特暴龙（*Tarbosaurus*），身长可达到12米。巨型诸城暴龙生活在7350万年前在晚白垩世，以肉为食，主要依靠捕捉大量的鸭嘴龙生活。

诸城晚白垩世情景复原

内蒙古的恐龙

内蒙古是中国研究恐龙最早的地区之一，到目前已经描述了超过40多个种的恐龙，在中国恐龙研究中占有重要位置。其中二连浩特是最早发现恐龙蛋的地方，巴彦淖尔发现的窃蛋龙趴在蛋窝上的化石是世界上为窃蛋龙平反的最早证据。内蒙古的恐龙集中在以下地区：二连浩特、巴彦淖尔、阿拉善和鄂尔多斯。

1922年，美国纽约自然历史博物馆的中亚考察团把考察基地设立在北京。从北京出发，先到达二连浩特并从二连浩特进入蒙古国。考察团在二连浩特发现了暴龙类、鸭嘴龙类、似鸟龙类、甲龙类以及蜥脚类恐龙，恐龙种类齐全。1930年，9名中国古生物专家参与了中亚考察团的考察工作，其中有著名的古生物学家、中国恐龙研究的奠基人杨钟健教授，由古生物学家张席褆教授担任中方团长。1932年该团结束考察活动回国后，发表了《中亚的新征服》考察报告。中华人民共和国成立以后，二连浩特地区继续有很多重要发现，比如属于镰刀龙类的内蒙古龙和二连浩特龙，以及超大型窃蛋龙——二连浩特巨盗龙等。二连浩特的恐龙在中国恐龙研究中起到了举足轻重的作用。

巴彦淖尔也是中国著名的恐龙化石产地。早在20世纪20年代后期，中瑞西北地区考察，就在巴彦淖尔发现了大量的原角龙化石。从那时起开始到现在，科学家持续在巴彦淖尔地区有重要发现。先后发现了原角龙、属于角龙类的绘龙、属于驰龙类的临河盗龙、被誉为最聪明的恐龙——伤齿龙类的猎龙和鸟脚龙，以及世界上首次发现的一个手指的恐龙——单指临河爪龙等。

内蒙古最大的恐龙——查干诺尔龙身长26米，高7.7米，曾经并列成为中国最长的恐龙。化石是1985年在锡林郭勒盟的查干诺尔碱矿发现的。2017年左右，在锡林郭勒盟的东乌珠穆沁旗又发现了侏罗纪时期的蜥脚类恐龙，目前正在研究中。

21世纪以来，在赤峰市的宁城发现了越来越多的侏罗纪时期的带羽毛恐龙，如树息龙、耀龙和足羽龙等，在鸟类起源于恐龙的研究上起到了重要作用。

查干诺尔龙骨架

形形色色的恐龙蛋

　　世界上最早发现恐龙蛋的时间是1859年，当时法国科学家在比利牛斯山脚下的洛口地区（Rognac, France）发现了一些蛋化石碎片，并确定它们是恐龙蛋，但是由于当时恐龙还不像今天这样家喻户晓，因此在当时没有引起重视。直到1923年，美国自然历史博物馆考察队在蒙古的火焰崖（Bayn Dzak）发现了一批蛋化石，才使恐龙蛋名扬天下。

　　1922年，美国纽约自然历史博物馆的中亚考察团进入蒙古国之前，他们首先在内蒙古二连浩特盐池进行考察，并在二连地区晚白垩世的地层中首次发现了恐龙及恐龙蛋化石。但是，当时没有认识到这是恐龙蛋。直到在蒙古的"火焰崖"认识到恐龙蛋的时候，才恍然大悟，原来在二连浩特发现的蛋化石就是恐龙蛋。这样看来，世界上最早发现蛋的地方应该是是在内蒙古二连浩特。后来，相继在中国的山东、辽宁等地，以及美国、加拿大、印度、法国和阿根廷等国发现了大量的恐龙蛋，种类繁多，保存精美。从此恐龙蛋的研究逐渐成为一门专门的学科。

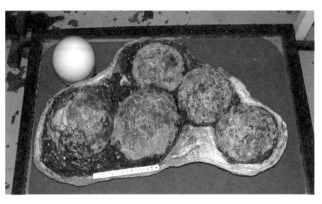

法国出土的世界上最早发现的恐龙蛋化石（左上角白色物体是现生鸵鸟蛋）——佟海燕提供

蒙古火焰崖，世界上最早确认恐龙蛋的地方——郑钰拍摄

江西的恐龙蛋化石

　　我国的古生物工作者先后在山东、广东、河南、辽宁、江西、内蒙古、安徽、浙江、新疆、湖南等地找到了不少的恐龙蛋的化石，这些蛋化石不仅数量上，而且保存质量上在全世界都是首屈一指的，其中特别是在山东莱阳、广东南雄、江西赣州发掘的蛋化石，不仅有保存极好的整窝的蛋化石，甚至有含胚胎的恐龙蛋化石。

　　广东南雄发现的一窝恐龙蛋，至今仍然是世界上保存最完美的一窝，这窝蛋化石一共有29枚，成圈分三层排列。每个恐龙蛋摆放得特别整齐，都是"大头"向外。单个恐龙蛋为椭圆形，长22厘米（图家 第一章南雄）。

　　科学家发现了许多成窝的蛋化石，为研究恐龙的繁殖提供了极为有益的化石依据，为探讨恐龙生态提供了有价值的启发。首先人们注意到的是每窝蛋的排列，在已发掘的粗皮蛋中都是呈椭圆形放射状排列，最多可以叠排到四层，蛋的数目越向圆心（即内层）就越少，而蛋的大小是越向圆心则越大。由此可推测恐龙可能是这样生蛋的：在恐龙生殖季节，雌性恐龙成群地离开它们的住处，到地势较高、土地干燥、有温暖阳光的地方去产卵。恐龙产卵之前先要筑巢，筑巢时先用后肢挖土，用前肢筑巢，巢与巢之间的距离一般是下蛋恐龙成年时的长度。每巢之间相距15米。筑巢产卵的过程是；先用前肢挖一个圆坑，然后围这个圆坑一圈一圈地下蛋，每生完一圈蛋，就用土盖好，使蛋壳不受损害。

　　恐龙蛋化石本来十分罕见。1993年以前，全世界发现并保存在博物馆的恐龙蛋总数量不超过500枚！然而1993年春天，在河南一下子就发现了上万枚恐龙蛋化石，这一发现令世界震惊，还吸引了各界人士和科学家前来考察和发掘。经过调查，恐龙蛋分布在河南内乡、西峡、淅川以及陕西的商南，山阳，湖北省十堰等地，存量十分丰富，总数量估计超过10万枚！在一个区域发现如此众多的恐龙蛋在世界上是首屈一指。其中发现的一个直径2.4米的恐龙蛋穴，共有26枚恐龙蛋，排列有序，是世界上最大的恐龙蛋窝（图鉴：河南恐龙蛋）。

广东河源的恐龙蛋也创造了一个世界奇迹！1996年，在广东河源的白垩纪地层中发现了第一窝恐龙蛋化石，之后，恐龙蛋在河源层出不穷，河源人的素质也很高，发现恐龙蛋化石基本都送到博物馆，使得河源博物馆在2005年的时候，

河源恐龙蛋

收藏了上万枚恐龙蛋化石。广东河源博物馆因此创造了一项吉尼斯世界纪录——截至2004年11月，中国广东省河源博物馆收藏恐龙蛋数量10008枚！是世界上拥有最多恐龙蛋的博物馆。河源博物馆以此为基础，建立了"河源恐龙博物馆"。从2004年到现在的2020年，十多年过去了，河源恐龙博物馆内恐龙蛋的数量早就超过了2万枚，是世界上收藏恐龙蛋数量最多的博物馆。

另外，我国浙江的东阳博物馆收藏的恐龙蛋数量也超过了15000枚！

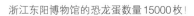

浙江东阳博物馆的恐龙蛋数量15000枚！

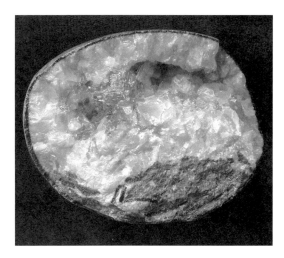

河源博物馆晶体恐龙蛋

吉尼斯世界纪录证书

　　由于拥有了大量的化石材料，在恐龙蛋研究方面，中国也走在了世界前列。中国科学院古脊椎动物和古人类研究所的恐龙蛋专家赵资奎教授创立了一套根据恐龙蛋的外部形态和蛋壳显微结构的综合特征进行恐龙蛋分类、命名和鉴别的方法，并得到全世界的公认。现在，全世界的科学家都在使用中国科学家创立的这个方法为恐龙蛋分类和命名，中国科学家引领了世界潮流。

探索恐龙秘密的线索
——恐龙足迹

被人们称为"历史的脚印"的恐龙足迹化石也与蛋化石一样被誉为恐龙化石中的珍品，是博物馆里最受人重视的藏品之一。世界上最早发现的恐龙脚印化石，是1802年在美国康涅狄克峡谷附近的红色砂岩中发现的，这是一批各种各样的小型三趾型足迹。我国最早的恐龙脚印是1929年在陕西神木发现的，是一枚脚趾很粗的禽龙足迹。

在岩石上发现了恐龙脚印化石，让有些人误认为是恐龙能够在石头上踩出脚印，觉得很神奇。其实如果弄清楚恐龙脚印的形成过程，就不觉得奇怪了。

一般情况下，恐龙踩在湖滨或者河滨的湿度适当的沙滩、泥地上都可以留下足迹。然后，很快风干并被泥沙覆盖。由于地壳运动，使保存恐龙脚印的地层下降。在地质作

世界上科学界最早发现的恐龙足迹（美国）——李振宇提供

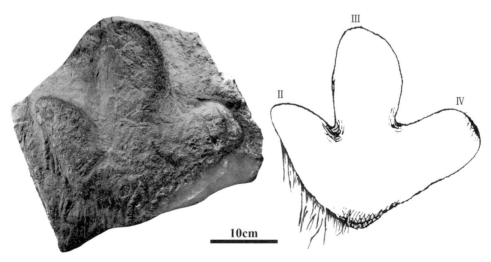

10cm

中国科学界最早发现的恐龙足迹（陕西神木）

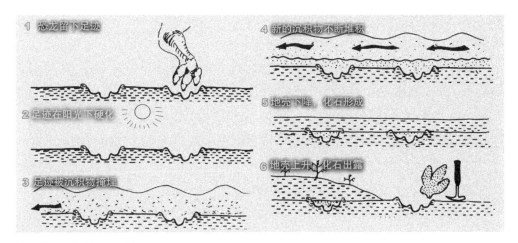

1 恐龙留下足迹
2 足迹在阳光下硬化
3 足迹被沉积物掩埋
4 新的沉积物不断堆积
5 地壳下降，化石形成
6 地壳上升，化石出露

脚印化石形成过程——引自 Lockley and Hunt, 1995

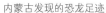

内蒙古发现的恐龙足迹

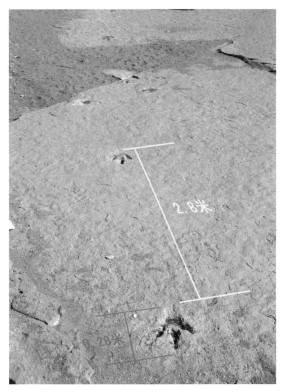

2.8米

0.28米

跑得最快的恐龙留下的足迹

用下泥土形成了岩石，保存在上面的脚印的形状就被保存在岩层中。后来地壳上升，又由于风化作用，使覆盖在脚印上面的岩层消失，脚印就被露了出来。脚印留在了岩石上。如果保存脚印的岩层比较软，在风化过程中先被风化掉，于是就在保存脚印岩层的上层面的底面，留下了凸出来的脚印铸模。这就是为什么有时候恐龙脚印是凸出来的原因，实际上这样的脚印代表着岩层的反面。我们可以认为这是大自然制作的恐龙脚的模型。

恐龙行走时，相邻的两个脚印之间的距离叫作"单步"；相邻的同一只脚的脚印之间的距离叫作"复步"；连续的一串脚印叫作"行迹"。目前发现最长的单步达2.8米，经计算留下这条行迹的恐龙当时的奔跑速度达到43.85千米每小时。

最长的行迹被发现在乌兹别克斯坦和土库曼斯坦边界交界的泥滩上，这五条足迹分别为184米、195米、226米、262米和311米。这些足迹，是由20多条巨齿龙留下的，时代为1.5亿多年前的侏罗纪晚期。

目前已知最大的恐龙脚印是在西班牙发现的，直径为1.3米。迄今最小的恐龙脚印，是在加拿大南部芬迪湾沿岸被发现的，足迹宽不足2厘米。在我国四川峨眉山地区发现的一批小恐龙足迹，也曾引起了世界科学家的关注。在那里还首次发现了恐爪龙的两趾足迹。

脚印化石在研究古生物以及整个自然历史都有重大的价值。我们可以通过一些恐龙脚印化石刻印的深浅，推测恐龙的相对重量和大小；用脚印的前后间距，可以推测恐龙活着时身体的长短。通过恐龙足迹，我们还可以知道恐龙是怎样行走的，是用四条腿还是用两条腿走路。有的足迹化石显示恐龙脚趾有蹼，说明这种恐龙会游泳。根据恐龙足迹排列的稀疏或密集，可以知道恐龙是否群居。可以说恐龙足迹是大自然的信息库。

通过测量脚印间的距离以及脚印长和脚印间距可以推算出恐龙行走的速度。到目前为止，世界上根据恐龙足迹计算出来的恐龙奔跑的最快速度是在对内蒙查布地区的恐龙足迹研究得出的。这就是上面提到的单步长度达到2.8米的兽脚类恐龙留下的，经过计算这批恐龙足迹的造迹恐龙当时的运动速度达到43.85千米每小时！

我国也发现了不少的恐龙脚印化石，分布遍及四川、云南、陕西、河北、河南、山东、吉林、内蒙古、江苏、湖南、广东、西藏等地。在四川省岳池发现的岳池嘉陵足迹是在中国首次发现的带滑迹印痕的足迹化石。这些脚印化石为研究恐龙和了解自然界历史提供了十分宝贵的线索。

辽宁朝阳地区的恐龙脚印是世界上发现的最密集的恐龙脚印之一，在十几平方米的范围内发现了上千个恐龙足迹，这也是我国最早命名的恐龙足迹属种。这个化石点最早是1939年在辽宁省朝阳市羊山地区发现的。一开始，日本科学家把这些足迹命名为佐藤热河足迹，但是后来经过中国科学家仔细研究，发现它们与很早以前在美国发现的叫作跷脚龙足迹属于一种类型，于是中国科学家

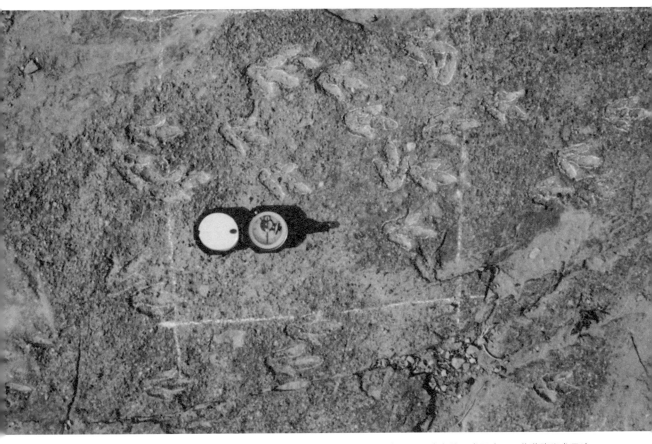

中国最早命名的恐龙足迹——佐藤跷脚龙足迹

根据国际动物命名法规，把它们的名称更正为佐藤跷脚龙足迹。这些化石保存在十分坚硬的细砾砂岩表面，虽然位于小溪流的底部，日日夜夜受着溪水的冲刷，但是时隔半个世纪，今天仍然十分清晰，只是可以见到一些人为的破坏。

在研究中我们发现，吃肉的兽脚类恐龙足迹的数量往往多于以植物为食的恐龙足迹。一般情况下蜥脚类恐龙足迹不太容易被发现，从目前我国和世界上各个国家发现的恐龙足迹分析，食肉类恐龙的足迹远远多于食植物的恐龙足迹，但是，从骨骼化石来看，以植物为食的恐龙远远多于以肉为食的恐龙，根据生态平衡的理论来看也应该如此。可是为什么食肉恐龙的足迹化石远远多于食植物的恐龙呢？其实道理很简单，因为食植物的恐龙大多生活在水域、沼泽环境中，那里生长着茂密的植被，恐龙不必行走很远的路去觅食，因此足迹留下来形成化石的就极为稀少；而食肉恐龙必须四处寻找追捕猎物，需要来回走动，所以留下了大量的足迹。

目前，在我国很多地方都有恐龙足迹化石的发现，我国是世界上发现恐龙足迹最多的国家之一，对于恐龙足迹的研究也走在世界前列。

食肉恐龙追逐蜥脚类恐龙时在地面上留下足迹
——左笑然绘图

恐龙之谜

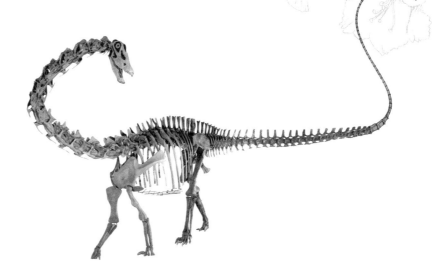

为什么有的恐龙个体那么大

中生代期间的气候温暖潮湿，持续了很长的时间，茂盛的植物为食植性恐龙提供了丰富的食物，为它们的恐龙生长提供了舒适的外部环境，所以，通常个体很大的恐龙都是以植物为食的。

另外，恐龙属于爬行动物，是终生生长的。它们一辈子都在生长。

那么，恐龙的寿命有多长呢？有的恐龙骨架化石上有年轮，但这类化石比较少。有些科学家就根据现代爬行动物的寿命来推测一些类群的恐龙从卵孵化出来到成年所需的时间，比如，原角龙需要26~38年，中等大小的蜥脚类恐龙需要82—118年，巨型蜥脚类，如腕龙则需百年以上。恐龙成年以后还可以生存相当长的时间，有人推测，有的恐龙可以活到300多岁。

丰富的食物、温暖的环境，终生生长的机制和足够长的生长时间，使得有些恐龙的身体长得很大。

恐龙聪明吗

一般说来，比起哺乳动物来说，恐龙要愚蠢得多。

不同的恐龙聪明程度也不一样。恐龙聪明的程度可以根据它们大脑的大小推测出来。在完好的恐龙头骨中可以测量出大脑的容量。一般情况下，食肉恐龙的脑袋比较大，相对比较聪明一些。食植物恐龙的头比较小，相对要愚蠢一些。比如，7米多身长的剑龙，脑子只有小核桃仁那么大，和现代的猫的脑子一样大。可是猫的个体完全无法与剑龙相比较，相差得太远了。所以，剑龙比哺乳动物要愚蠢得多。有人开玩笑说，假如有食肉动物吃剑龙的尾巴，等到它觉得疼反应过来的时候，尾巴恐怕要被吃掉一半了。

目前，伤齿龙被认为是最聪明的恐龙（不包括鸟类），它也是亲缘关系最接近鸟类的恐龙。伤齿龙的牙齿最具杀伤力，伤齿龙因此得名。伤齿龙的大脑是恐龙中最大的，同时它的眼眶和中耳区空间很大，所以伤齿龙感觉器官应该非常发达，而且具有立体视觉。因此，科学界认为伤齿龙是最聪明的恐龙。成年伤齿龙的个体和我们现在的成人个体大小差不多。根据骨骼结构，科学家认为伤齿龙是

伤齿龙复原图和头（可同时看到两只眼睛，说明伤齿龙有立体视觉）——引自 *Dinosaur Encyclopedia*,by Lessem and Glut,1993.

一类具有快速反应能力、行动敏捷的恐龙。根据骨骼和脑容量的比例，科学家推测伤齿龙的智力和当今的鸟类一样聪明。有化石证据证明：本来由霸王龙和驰龙类为主要肉食性恐龙化石的地层中，随着伤齿龙的出现，霸王龙和驰龙类逐渐减少，而被伤齿龙取代。

很早的时候就有些科学家认为有热血恐龙的存在，20世纪末期在我国辽西发现了许多长羽毛的恐龙。这些恐龙很可能是热血的。这样看来，小型兽脚类恐龙在向鸟类演化的过程中，首先完成的是新陈代谢体制的完善，它们先演化成热血动物，再学会飞翔。同时从骨骼来分析这些带羽毛的恐龙可知，它们活动灵活，大脑的相对容量也比其他类恐龙大很多，因此可以推测出这些恐龙应该是比较聪明的。它们的智力应该和现在的鸵鸟差不多。

尾羽龙和鸵鸟

恐龙是群居的还是独居的

这得根据具体情况而定，一般以植物为食的恐龙多数是群居的，大型食肉类恐龙是独往独来的。

根据恐龙骨架群体埋藏以及足迹群化石的发现，人们认为许多恐龙都是过群居生活的，集体生活是恐龙战胜自然环境所带来不利因素而取得生存地位的一种必要手段。在美国得克萨斯州班德拉城的一个化石点，科学家发现了23条雷龙的行迹，都是朝着一个方向行走的，这些脚印中较小的脚印排在中间，大脚印排在两侧，说明这群恐龙是过群居生活的。

肿头龙类也是群居的恐龙。这类恐龙生活在高山上，厉害的恐龙利用自己坚硬的头骨与其他肿头龙相互碰撞，最后的胜利者取得龙群霸主的地位。

大型的肉食恐龙，如永川龙、霸王龙等，可能和现代的老虎一样，除了在繁殖季节时雌、雄个体生活在一起外，多数时候则是独来独往的。

有些小型的肉食性恐龙，如虚骨龙类，它们身体轻巧，腿长，善于奔跑，动

蜥脚类恐龙集体行动——引自
Lockley and Hunt, 1994

作敏捷，奔跑速度很快。它们几十只生活在一起，群体追捕猎物时，如同今天的狼群一样，依靠群体的力量围猎比自己大得多的动物。

大型兽脚类恐龙单独行动

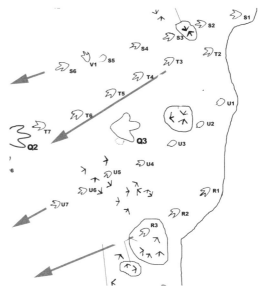
小型兽脚类集体行动

　　鸭嘴龙、禽龙也是营群居生活的。它们大都生活在苏铁、硬叶灌木密集的地区。1989年，在我国内蒙古乌拉特后旗巴音满都呼地区，发现了一个以甲龙、原角龙为主的恐龙化石堆积点，发掘出31具甲龙、93具原角龙，以及少量兽脚类恐龙和恐龙蛋等。十分有趣的是这31具甲龙化石全是幼年个体，大多数体长1米左右，只是成年个体的四分之一或六分之一。从保存这些化石的环境上看，这些幼年的甲龙可能是在沙丘间躲避风暴时被埋藏的。

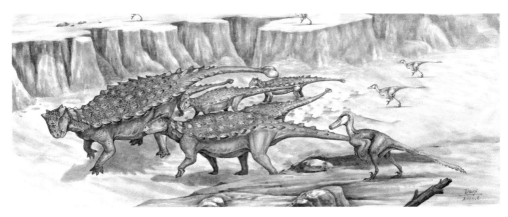
临河盗龙围攻甲龙群体

恐龙会游泳吗

根据恐龙的骨骼来看，很难想象它们能够在水中游泳。但是，在美国却发现过一串只有蜥脚类恐龙的前足足印，只有在拐弯的地方才有一个后足足印。这个发现确实困扰了许多人。难道这条恐龙在表演杂技？它的后脚为什么要抬起来呢？是什么力量把它的庞大的身躯托起来的呢？经过仔细分析保存足迹的岩石表面，科学家们恍然大悟，原来这批足迹形成的时候，这里已经是湖底了，是湖水托起了恐龙庞大的身躯，而这时恐龙

恐龙游泳足迹——发现于美国得克萨斯州班德拉县 Mayan Ranch 下白垩统的蜥脚类行迹

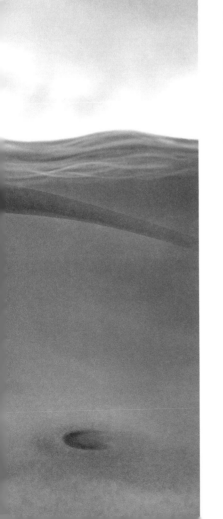

正在游泳。它们靠后足蹬水，前足着地向前行走，只是在拐弯的时候用后足蹬一下地，改变运动方向。但是，总是用前足点地，在水中的运动是游泳吗？游泳应该是四足都不着地的。

根据恐龙足迹形成和保存的原理，好像这么深的水是不可能留下如此清晰的足迹。同时足迹的形成和保存是需要恐龙足迹形成后背阳光曝晒变硬后才容易形成化石。如此深水的盆地一时半会儿不会很快干涸，所以游泳的恐龙即使能形成足迹，也不容易保存下来。所以，有的科学家反对"游泳"的解释，而可能是一种"幻迹"。什么是幻迹呢？庞大的恐龙体重很大，在行走时对地面形成较大压力，不仅在地面上形成足迹，而且在下面的地层中也形成变形。地壳上升以后，含足迹岩层被风化掉，就把下面岩层暴露了出来。所以，很多科学家认为那个只有前足足迹的行迹实际上是蜥脚类恐龙前足的幻迹。巨龙类恐龙的前足比后足支撑更大的重量，所以对地面的压力比后足大，就会在下一层岩层上形成幻迹。这个行迹发现的时候，保存足迹本身的岩层已经被风化，就露出了下面的幻迹。而后足压力小，没有形成幻迹，只有在拐弯的时候，后足压力大了一些就留下幻迹。

游泳恐龙复原图——左笑然绘图

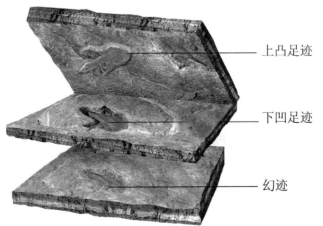

上凸足迹

下凹足迹

幻迹

幻迹的形成

隐藏在牙齿中的秘密

爬行动物的牙齿与哺乳动物的牙齿有很大的不同；哺乳动物的牙齿分为门齿、犬齿、前臼齿和臼齿。因此我们把哺乳动物的牙齿叫作异型齿，而爬行动物嘴里的牙齿大多是一样的，叫作同型齿。恐龙属于爬行动物，它们的牙齿属于同型齿。然而恐龙种类繁多，食性也不一样，不同的恐龙有不同的牙齿。根据牙齿的特征，我们可以推测恐龙的食性。

从恐龙牙齿的外观形态上看，大致可分为四种：匕首状齿、勺状齿、棒状齿和叶状齿。拥有匕首状牙齿的恐龙全是肉食性恐龙，它们牙齿尖锐而锋利，形状像匕首也像香蕉，两侧还有密集的细齿，像锯一样。可想而知，这种牙齿能够很快地把肉咬下来，并撕成碎片。

勺状齿、棒状齿和叶状齿，为植食性恐龙所有。这些牙齿的底端呈圆柱形，向上有不同的变化，形成不同类型的牙齿。

勺状齿，向上逐渐变短，一面内凹，另一面外凸，像个小勺子，如马门溪龙、腕龙、圆顶龙都是勺状齿。原蜥脚类，也长着大致勺状的牙齿，它们的身材一般比较矮小，脖子也比蜥脚类短得多，因此只能取食小范围内更矮的植物。

棒状齿向上逐渐变圆，像棒子一样，如雷龙、梁龙、叉龙等都生有棒状齿。从这两种牙齿看，它们只能以柔嫩多汁的植物为食。植物的细枝嫩叶，多半长在高高的树干上，也许是经常取食高处的食物，使有棒状齿的恐龙长出了长长的颈脖。也有的科学家认为，有棒状齿的恐龙可能也吃河湖中间的蚌壳类动物，利用

霸王龙牙齿

恐龙的牙齿——勺型齿

它们棒状的牙齿将蚌硬壳咬破。

剑龙类、角龙类和甲龙类等鸟臀类恐龙的牙齿更为细弱，呈叶片状，它们也是以植物为食。由于它这类恐龙四足行走，头部低矮而且脖子很短，它们通常以蕨类植物的树叶和低矮的铁树、棕榈等多汁的根、茎、种子和果实为食。鸟脚类中的鸭嘴龙也长着细小的叶片状牙齿，牙齿数目很多，有400至500颗，最多的可达两千余颗，所以可以吃较为粗糙的植物。在鸭嘴龙化石的"胃"里的食物化石分析结果也证实了这一点。

经过进一步研究古生物学家和恐龙专家还发现了许多恐龙的牙齿都具有重叠的现象，即它们的牙齿有双层或多层结构。密密麻麻的牙齿交错地镶嵌在牙槽内，好像群山突起。当上下牙交错咬切时，再坚硬的植物也能被嚼碎；当外层牙齿在咬嚼时发生脱落后，内层马上又有新牙长出来替补，从而确保了进食的咬嚼不受影响。这似乎也表明了这些恐龙的牙齿，可能是终生都在不停地替换生长。

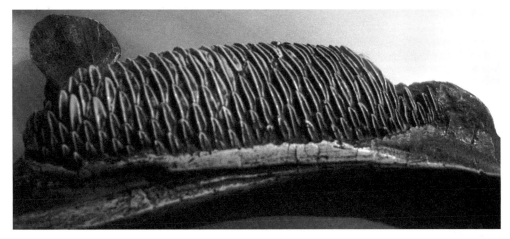

恐龙的牙齿——鸭嘴龙牙齿

恐龙的叫声有多大

没有人听过恐龙的叫声。科学家只能通过对恐龙骨骼的分析来推测它们的叫声。对于脊椎动物来说，叫声都是从口中发出的。通常情况下，脖子粗的恐龙相对叫声也很粗，比如大型食肉类恐龙，霸王龙，永川龙等的叫声估计和现代的老虎和狮子一样，声音低沉且具有穿透力对其他动物有一种威慑力。

大家一定知道，现在长颈鹿是"哑巴"。因为它们的脖子很长，声带退化。科学家们由此联想到那些长脖子的蜥脚类恐龙，如果脖子长对发声有影响的话，这些长脖子的蜥脚类恐龙，比如马门溪龙、梁龙、雷龙等可能其他是"哑巴"，不会发出声音。

那些头比较小的恐龙的叫声可能比较尖锐。还有一些恐龙的鼻骨发生奇异型变化，比如似棘龙的鼻骨很长，达到1米多长，其中有一条上下通气的管道，使似棘龙的鼻道加长，看起来很像一个大犄角。科学家推测这个管道的功能，可能是发声用的，声音通过长长的管道，音质可能会发生变化。科学家估计不同家族的恐龙，管道的长度不同，发出的声音也不同，似棘龙可以根据声音判断是不是自己家族的成员。还有的科学家认为似棘龙发声能起到向同伴报警的作用。无论如何，这条上下通气的管道都是用来强化声音的。

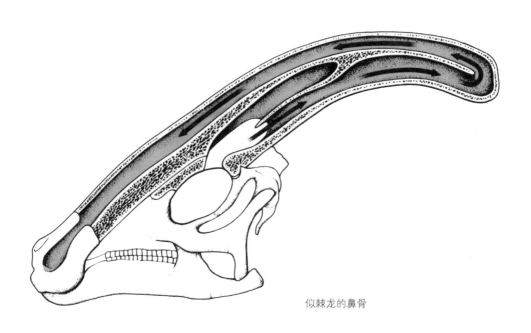

似棘龙的鼻骨

植食性恐龙有哪些安全防御措施

植食性恐龙的安全防御措施真可谓五花八门。

前面曾经提到过，凡是长犄角的恐龙都是吃植物的。很显然，犄角就是一种防御措施，是用来顶那些进犯它们的食肉恐龙的，也有的科学家认为，这些犄角是用来争夺在恐龙群体中的地位的，最后的胜利者就是恐龙群的"首领"。实际情况可能是兼而有之，犄角既可以用来防御，又可以用作同类之间的争斗。

剑龙身上的剑板，以前也被认为是防御的武器，但是剑板上面有丰富的血管痕迹的事实使许多科学家改变了看法，认为这些剑板起着散热板的作用。不过，剑龙的尾刺确实是很厉害的防御武器。

甲龙身上的厚厚的甲板（参见"中国恐龙"甲龙复原图），也是用来防御的，多么厉害的动物对甲龙背上坚硬的骨甲也是无可奈何。许多人把甲龙叫作"坦克龙"，其实并不很贴切，因为坦克是一种防御和进攻兼而有之的武器，进攻是坦克的主要功能，而甲龙却只能防御。

具备最佳的防御措施是角龙类，角龙的角锐利而坚固，可以刺穿任何食肉恐

三角龙的角

剑龙的尾刺——引自《恐龙》丛书，光明日报出版社1995

龙的肚皮。角龙头后面的颈盾，对于保护角龙细弱的脖子起着十分重要的作用。颈盾是长在脑袋后面一个坚硬的骨板。有的角龙虽然没有角，但是它们完善的颈盾对自己的脖子起到很好的保护作用。

　　一些蜥脚类的尾巴也是很厉害的武器，比如梁龙的鞭状尾，可以从背后猛抽侵犯它的敌人，使敌人防不胜防；蜀龙、峨眉龙，以及甲龙的尾锤，也是令食肉恐龙畏惧的武器。

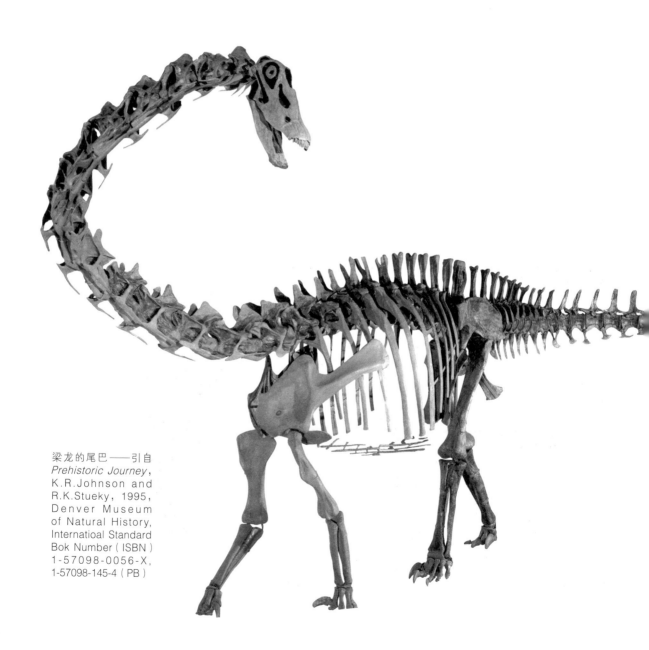

梁龙的尾巴——引自
Prehistoric Journey,
K.R.Johnson and
R.K.Stueky, 1995,
Denver Museum
of Natural History,
Internatioal Standard
Bok Number（ISBN）
1-57098-0056-X,
1-57098-145-4（PB）

有些以植食性恐龙，身上没有什么特殊的武器，但是它们身体矫健，奔跑能力很强，遇到危险，撒腿就跑，也可以迅速逃离危险。

另外，植食性恐龙相对身型庞大，身躯庞大本身，就是一种防御性措施，使那些小型食肉恐龙奈何不了它们。

但是，总有些食植性恐龙有些"漏洞"和"疏忽"成了食肉恐龙的美餐。防御不是很好的逐渐被食肉恐龙吃光了，也就灭绝了，保留下来的都是有着较强防御能力的恐龙。当然，食肉性恐龙的进攻能力也不断加强，只有能力强的恐龙才能找到食物，这就是自然选择，优胜劣汰。生物就是这样在相互竞争中不断进化。

蜥脚类的尾锤——王宝鹏拍摄

肉食性恐龙有哪些进攻武器

看看霸王龙身上的各个"部件"就能了解恐龙的进攻武器了。锋利硕大的牙齿、边缘有密集的锯齿、有锐利爪子的脚；另外硕大的头骨、矫健的身体，都是适合追击猎物的结构。

霸王龙锋利硕大的牙齿可以把猎物咬死、把肉撕烂，密集的锯齿边缘可以很顺利地把肉切下来。头骨大可以有充足的地方附着肌肉，于是食肉恐龙的咬力和撕裂力会很大。一旦哪个倒霉的食植恐龙落入食肉恐龙的大口，一定难逃厄运。

所有食肉恐龙都是用两足行走的，矫健的身躯利于它们快速奔跑。在中生代期间，食物不是遍地都是，需要食肉恐龙到处去寻找。看到猎物后还要迅速追上，这就需要它们奔跑迅速，行动灵活以及矫健的身躯。研究恐龙足迹的学者都知道，世界上发现的三趾型的食肉类恐龙脚印比食植物的恐龙的足迹多得多，就是因为食肉恐龙到处奔走寻 找食物的原因。

【小知识】器官相关律　环境条件的变化使生物的某种器官发生变异而产生新的适应时，必然会有其他器官随之变异，同时产生新的适应。这是著名生物学家居维叶在19世纪初提出的理论。读起来有些深奥，实际上就是说动物身体上的各种器官都是相互关联的。比如，我们发现了一枚锋利的牙齿，我们可以认定这种动物是吃肉的，它的头一定很大，可以附着大量的肌肉使其有足够的咬劲；它的爪子也一定很锋利；行动敏捷等等。器官相关律对研究古生物化石尤其重要，因为化石材料往往是残缺不全的。居维叶曾经根据只露出一小部分的化石确定这个动物是负鼠，并当众把其他部分修理出来证明他的预测是正确的。还有一次，居维叶的学生戴着动物的角并青面獠牙，想吓唬深夜读书的居维叶。居维叶说：长角的动物都不吃肉的，不可怕。现在器官相关论在古生物研究中被广泛应用。

恐龙到底是热血动物还是冷血动物

恐龙属于爬行动物，现在的爬行动物都是冷血动物，所以长期以来，人们一直认为恐龙也是冷血动物。但是有些科学家经过仔细研究后，对恐龙是冷血动物的观点产生了怀疑和动摇。20世纪60年代以来，有人提出了"热血恐龙"的理论。最近20年，关于热血恐龙的讨论达到了高潮，提出了许多方面的理由来否定恐龙为冷血动物的观点，那么恐龙究竟是热血还是冷血动物呢？下面就让我们来看一看科学家们是怎样解释是这个问题的。

我们现在对恐龙的了解只能通过它们的化石。化石是恐龙的骨骼经过亿万年的地质作用变成的一种特殊的石头。那么科学家是怎样通过化石了解到生活在亿万年前的恐龙的体温的呢？他们肯定不是用体温表直接测量的，而是通过对恐龙化石的研究而间接地推测出恐龙体温的。

根据恐龙的站立姿态可以推测它们的体温：在所有现生脊椎动物中，只有鸟类和哺乳类动物是恒温动物，同时也只有这两类动物是能够以站立的姿态行走的；相反两栖动物和爬行动物平时都是以腹部着地，行走时采用"爬行"姿态。这些动物都是变温动物。恐龙虽说也是爬行动物，但它区别于其他爬行动物的一个显著特点就是它们的四肢是从身体下面长出来的，也能站着走，而且站立时的姿态与现代的鸟类和哺乳动物是一样的。它们在不停地活动中，完成觅食、逃避敌害、繁殖后代和协调群体的活动行为。在这些快速、激烈、灵活的活动中，有些恐龙行动敏捷，运动速度较快，具有较强的活动能力，它们这种站立和快速运动要消耗比爬行和缓慢运动更多的能量。消耗的能量，需要由快速的新陈代谢释放出的大量能量来补充，而快速的新陈代谢必然伴随着高而恒定的体温。在现生动物中，"站立"姿态的脊椎动物都是恒温动物，"爬行"姿态的脊椎动物都是变温动物。恐龙是"站立"姿态的，所以应该属于恒温动物。

从动物运动速度、活动能力和灵活程度的角度也可以推测动物的体温变化。通常，快速、激烈、灵活的运动需要一定的体温做保障。动物运动迅速灵活，它的骨骼就应该中空以减轻重量，骨骼的关节处就应该灵活。这些特征都通过对恐龙骨骼化石、头骨中脑腔的大小和足迹的研究得到了证实。通过研究发现，小型的恐龙可以像现生哺乳动物那样运动。许多现生的小型爬行动物的运动速度也很快，所以运动速度和灵活程度，似乎与体型的大小的关系更加密切。

动物的牙齿也能提供关于动物体温的信息。一般恒温动物对食物的需求量比较大，变温动物相对少一些。对食物需求量大就需要吃到嘴里的食物被迅速咬碎、消化、吸收。现在哺乳动物的牙齿比较复杂，有门齿、犬齿、前臼齿和臼齿的分化，叫作异型齿。食物在被吞咽下去之前已经被充分咀嚼了。爬行动物的牙齿就比较简单，无论什么位置的牙齿形状都一样，这样的牙齿叫作同型齿。食物在口中只是被简单地咬碎，进一步的研磨要在胃里进行，由于消化时间较长，所以一定时间内对食物的需求量就小。通过对恐龙的研究，发现所有恐龙的牙齿都是比较简单的同型齿。因此这方面的证据并不支持恐龙热血的理论。

在动物骨骼中有许多血管，骨骼中血管的密度也与体温有关。一般认为血管

精美临河盗龙化石

多的动物，新陈代谢速度快，属于恒温动物。有人对现生哺乳动物和蜥蜴的骨骼
进行了切片对比，发现哺乳动物骨骼中的血管要比蜥蜴骨骼中的血管多得多。后
来科学家又将恐龙的骨骼进行了切片，发现其中血管的痕迹与哺乳动物的密度差
不多，于是就得出结论：恐龙属于热血动物。但是后来又有科学家又对其他动物
的骨骼进行了切片分析，最后发现骨骼内血管密度并不是判断动物冷血和热血的
标志，而是和动物身体的大小有关。身体小的动物骨骼中的血管密度就小。那么
恐龙属于大型动物，身体中血管的密度大也就不足为奇了。这个证据也不足以支
持恐龙是热血动物的理论。

　　通过对恐龙骨骼化石的研究，我们已经了解到许多恐龙的身体是十分庞大
的。在环境温度发生变化的时候，冷血动物的体温就会随之发生变化。大动物的
体温要比小动物的体温变化小，身体越大，变化越小。用比较科学点的字眼来说
就是，动物身体的表面积和体积的比值越小，受环境的影响就越小；从数学的角
度来看，相同形状的物体，体积越大，它的表面积与体积的比值就越小。所以庞
大的恐龙的体温变化就很小。但是，像恐龙这样靠身体的庞大来减少体温变化的
动物从本质来看还是变温动物。恒温动物是自己身体体内能够产生热量的动物。

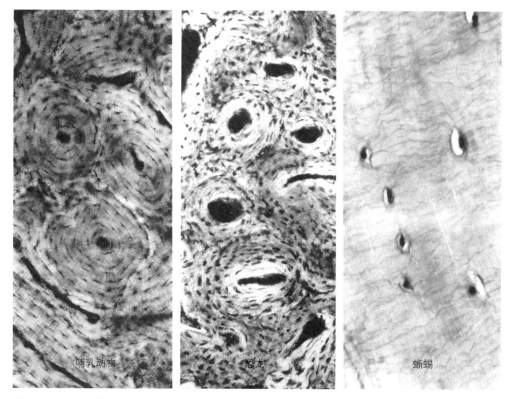

哺乳动物、恐龙、蜥蜴骨骼切片比较——引自 *New Look at the Dinosaurs*，Alan Charig，1979

庞大的恐龙只是利用身体的庞大来减少环境温度对它的影响，并不是靠自己体内产生的热量来调节体温的。所以从本质上看，个体庞大的恐龙仍然是变温动物。体积很大的动物有时身体过热，要想散发热量，也是很困难的，甚至会因为体温过高而死亡。所以有些恐龙身上长出许多其他的器官来增加身体的表面积，比如剑龙的剑板就是一种散热装置。这也就证明这些恐龙是依靠环境的温度生存的，所以它们仍然是冷血动物。

还有人把双脊龙头上的嵴突、角龙类恐龙宽大的颈盾，也说成是散热的结构。这也就证明这些恐龙是依靠环境的温度生存的，所以它们是冷血动物。

另外，科学家们还从头到心脏的垂直高度来推测恐龙的血压；通过地理分布来判断它们的生活环境；通过脚印推测它们群居的社会结构；通过群落分析判断食肉恐龙与食植恐龙的比例等等，都很难找到整个恐龙类群是热血动物的确凿证据。但是如果把恐龙类群分开，就不能排除有些小型恐龙是热血动物的可能。特别是在我国辽西地区连续发现许多长羽毛的恐龙都属于小型食肉类恐龙，因此可以认定小型食肉类恐龙可能是热血恐龙。

为什么有的恐龙要吃石头

有时在恐龙的腹腔内会找到磨光的石头，叫作胃石。早在70多年前，恐龙专家就在鹦鹉嘴龙骨架的腹腔中找到了100多颗小石子，后来又在很多地方都发现了胃石，证明了有的恐龙吃石头。

现在人们经常看到鸡啄食沙子，因为鸡没有牙，对食物的研磨完全靠胃里的沙粒。看看大部分植食恐龙的牙齿，就能明白为什么有的恐龙吃石头，因为它们的牙齿研磨功能不强，只能靠胃里的石头在胃蠕动的作用下相互碰撞研磨把食物磨碎。

古生物学家根据胃石保存的位置分析推测，许多恐龙具有与现代鸟类相似的消化系统，主要包括食道、嗉囊、胃砂囊、肠等部分，而且很多恐龙都有吞下石头放在嗉囊或胃内的习性。腕龙每天大约会吞下1500公斤的食物，但是它的牙齿结构显然不能把那些坚硬的植物咬嚼成碎末，必须借助强有力的胃来磨碎食物，所以它们在进食时，同时吃一些一定大小的石头，并且让这些石头保持在嗉囊里。在囊壁发达肌肉强有力的收缩运动下，石头对食物反复进行挤压、摩擦，帮助把食物磨碎，有利于进一步的消化。

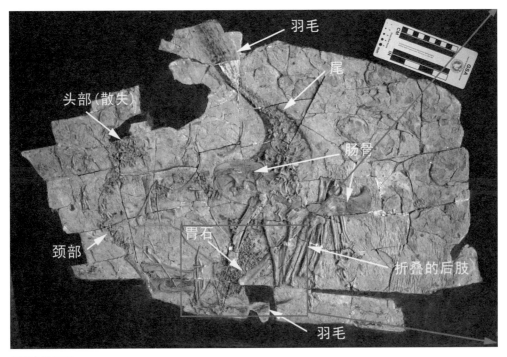

尾羽龙的胃石

怎样推测恐龙的行走速度

  现在科学家只能根据恐龙足迹化石来推测恐龙的运动速度。根据恐龙足迹化石，可以测量恐龙的足长和步长。恐龙的运动速度就是根据足长和步长之间的比例来推测的。从原则上讲，恐龙的步子越大，它行动的速度越快。可是，再将恐龙的腿长因素考虑进去，步子大的不一定就快。如果恐龙的腿长是相同的话，步子越大，运动速度越快；如果恐龙的步长相同的话，恐龙的腿越短运动速度越快，因为短腿的恐龙迈出与长腿恐龙相同的步长的时候短腿恐龙一定是在奔跑，速度自然就快了。于是根据对现在动物腿长和步长比例的研究，科学家得出经验公式：

  恐龙的运动速度 $=0.25 \times g^{0.5} \times \lambda^{1.67} \times h^{-1.17}$

  其中，g是重力加速度；λ 是复步长，也就是同一只脚运动一次后走过的距离；h是腿长，一般认为腿长是足长的四倍，而足长可以从足迹化石中测量出来。于是根据足迹就可以测算出上面公式中右侧的所有数据，也就能计算出恐龙的运动速度了。

恐龙时代的其他动植物

恐龙占据了中生代的大部分时间。恐龙最早出现在三叠纪晚期，那时候在二叠纪时期形成的泛大陆还没有完全解体，全世界的各个大陆还都联在一起。因此，恐龙在南美洲出现之后，迅速遍及各个大陆。这就是现在在各个大陆都发现恐龙的原因。后来，泛大陆分成北方大陆和南方大陆。北方大陆进一步分裂成欧亚大陆和北美大陆，而南方大陆分成非洲、南美洲、印度、澳大利亚和南极洲，地球才慢慢变成了今天的样子。

由于大陆离赤道不远，而且是刚刚开裂，海水沿着新裂开的海峡给原来的超级大陆腹地带来了潮湿的空气，欧亚大陆上还没有喜马拉雅山的阻隔，很多大陆都比现在温暖潮湿。茂盛的植被为恐龙和其他生物提供了丰富的食物。中生代植物以真蕨类和裸子植物最繁盛，到中生代末，被子植物得到了很大的发展，而裸子植物仍占据着重要地位。通过对一些恐龙胃里食物的研究发现大部分以植食恐龙还是以蕨类植物为主要食物来源。那时候的裸子植物种类也很繁多，裸子植物也不像今天的那样干硬。茂密的植物吸引了大量的动物前来生活，中生代的大陆到处是一片生机勃勃的景象。

恐龙时代的无脊椎动物

无脊椎动物比爬行动物出现早得多，早在恐龙时代以前就已经有了很大的发展。但是，在恐龙时代之前的古生代末期，地球上发生了一次规模最大的生物大灭绝事件——二叠纪末生物大灭绝。那次灭绝的动物主要是无脊椎动物，大灭绝

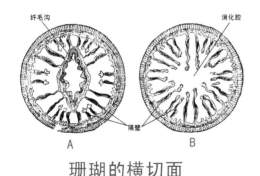

珊瑚的横切面

A——通过口道；　　　　B——通过消化腔

珊瑚结构图（显示隔壁）

【小知识】珊瑚的分类　珊瑚属于腔肠动物，珊瑚虫本身很小，因为是软体不易形成化石。容易形成化石的是它们的住室。这些住室是珊瑚虫分泌的钙质"骨骼"，随着珊瑚虫体的不断长大，住室也不断加高。时间一长，许多住室堆积在一起，就形成珊瑚礁。珊瑚住室内有许多辐射状排列的纵板，叫作隔壁，既减轻重量又不破坏住室的坚固。不同类型的珊瑚，隔壁排列的数目和方式也不同。这些隔壁的数量和排列方式是科学家们分类的依据。一般隔壁的数量和珊瑚虫生活时的触手数目有关。四射珊瑚隔壁的数目是4个或者是4的倍数，六射珊瑚隔壁数目一般是6的倍数，另外还有八射珊瑚和横板珊瑚等。

事件宣告了古生代的结束。

　　在古生代繁衍生存了近3亿年的三叶虫彻底消失，珊瑚类也发生了很大变化，曾经特别繁盛的四射珊瑚全部灭绝了，取而代之的是六射珊瑚和八射珊瑚，它们生活在中生代的海洋并一直延续到了今天。我们今天看到的炫丽夺目的珊瑚礁大多就是六射珊瑚的杰作。

　　另外一类在恐龙时代繁盛的海洋无脊椎动物就是菊石了。菊石是从古生代早期的直角石演化而来的，最早出现在泥盆纪。菊石属于软体动物头足纲，和现代的章鱼、乌贼以及海洋中的鹦鹉螺属于亲戚。菊石和现在的鹦鹉螺差不多，触手长在头部的前端，游泳时向后运动。菊石生活时身体外面背着一个硬壳，这个硬壳是软体分泌的钙质骨骼，随着菊石软体的增长，这个壳也沿着开口的地方向上增长。菊石每生长一次都留下一个空住室，住室和住室之间有个隔板，从侧面看这个隔板就是一条线，这条线一般是曲线，叫作缝合线，表明菊石住室的底部不是平坦的。把菊石的壳剥开就能看到缝合线。不同类型的菊石，缝合线的形状也不同。古生物学家就是根据缝合线的形状和复杂程度为菊石分类的。一开始，缝合线只是简单而流畅的曲线。进入恐龙时代以后，缝合线变得越来越复杂，流畅

香花菊石

紊乱菊石（西藏）　　窦唯雷菊石　　大头菊石

各种菊石化石

世界发现最大菊石——副普若斯菊石（Parapuzosia）
保存在德国法兰克福自然博物馆

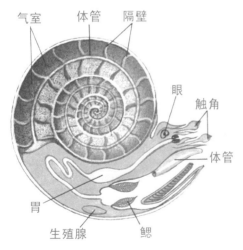

菊石的结构——引自Purnell's Prehistoric ATLAS；
珀内尔史前画册；作者：P. Arduini and G. Teruzzi；
出　版：Purnell；©1982 Vallardi Industrie Grafiche,
Published in UK by Purnell Book. ISBN 0 361 05883 7

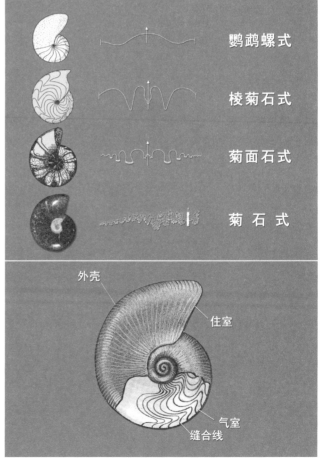

鹦鹉螺和菊石缝合线类型

鹦鹉螺式

棱菊石式

菊面石式

菊　石　式

菊石的缝合线

的曲线变成了曲曲弯弯的复杂曲线，看上去很像是开放的菊花，菊石也因此而得名。菊石运动迅速灵活，在恐龙时代的海洋中独霸一方，不过也常常成为沧龙、鱼龙等海生爬行动物的食物（见第一章插图"中生代海洋"）。菊石在白垩纪末期和恐龙一起灭亡。

恐龙时代，陆地上生活的无脊椎动物也十分繁盛，尤其是昆虫已经初具规模。现在昆虫的数量占据着整个动物界的80%，而在恐龙时代昆虫的数量也是相当惊人。最为著名就是在我国北方发现的热河生物群，其中昆虫占了很大的比例，比如蜻蜓和现在的蜻蜓没有什么区别。在陆地上，森林中昆虫和恐龙共同分

恐龙时代的昆虫化石

恐龙时代的昆虫世界

享着当时的大自然。于是就有了科学家产生蚊子叮咬恐龙、并把恐龙血液中的基因保存到今天的科学幻想。令人吃惊的是，当时的昆虫和现在的许多昆虫在形态上没有什么区别。虽然恐龙时代到现在地球发生了翻天覆地的变化，但是许多小生境和现在是很相似的。

还有一种和三叶虫相像并且有着亲缘关系的节肢动物——鲎。鲎最早出现在早古生代的志留纪期间，从出现到现在，体型一直没有什么变化，也因此鲎被称为活化石。它顶住了古生代末期的那场大灾难的侵袭，顽强地活了过来；随后，中生代末期的那场造成恐龙等许多动物灭亡的大灾难也没有影响到鲎的生存，并一直繁衍到了今天，身体形态和刚刚出现的时候没有什么变化，这实在令人感到惊奇。

鲎

恐龙时代的海生爬行动物

　　爬行动物登陆以后，在陆地上有了长足的发展。但是，由于生存竞争的压力，有些爬行动物又重新回到了水中生活。可是原来适应水中生活的器官已经不复存在，这就是生物进化不可逆原理。爬行动物重新返回到水中以后，已经不能像它们的鱼祖先那样用鳃呼吸了，它们必须定时浮出水面用肺呼吸空气。而它们的体型逐渐适应水中生活，四肢变成了鳍状，身体呈流线型等。

鲨鱼　　　　　　　鱼龙　　　　　　　海豚

趋同现象

　　海生爬行动物和其他爬行动物一样，也是卵生的，不过由于是生活在水中，它们的卵并不排出体外，而是在母亲的体内孵化。但是在胚胎生长过程中，胎儿不与母亲有营养和排泄物的交流，只是在母体内占据个位置。胎儿成型后从母体中出来，好像是胎生的。但是这和真正的胎生有本质的区别，于是科学家把这种生殖方式叫作卵胎生或者是假胎生。假胎生动物在水生脊椎动物中很普遍。海生爬行动物不构成一个单系类群，也就是说，海生爬行动物并不是起源于同一个共同祖先，而是从不同的陆生爬行动物祖先发展而来。

　　海生爬行动物的出现比恐龙还要早一些。恐龙时代是从三叠纪晚期开始到白垩纪末期结束。中生代开始的时候，还没有进入恐龙时代。但三叠纪开始的时候，海洋中就生活着有许多种类的海生爬行动物了，虽然有些种类在三叠纪末期灭绝了，但是有很多种类的海生爬行动物贯穿了整个恐龙时代，一直

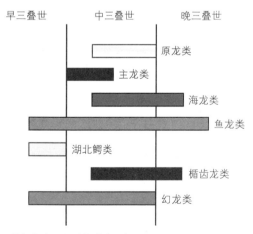

早三叠世　　中三叠世　　晚三叠世

原龙类

主龙类

海龙类

鱼龙类

湖北鳄类

楯齿龙类

幻龙类

三叠纪海生爬行动物地史分布

生存到白垩纪末期和恐龙一起灭绝。其中最著名的就是鱼龙类、蛇颈龙类和沧龙类等。

鱼龙是人们比较熟悉的水生爬行动物，它们的形态很像海豚，身体呈纺锤形，两头小，中间大，皮肤裸露，头又长又大，直接和躯干连在一起，看不到脖子，这种体型可以减少在水中的阻力，上下颌细长，口内有许多锐利的牙齿，证明鱼龙是以肉为食的。鱼龙的眼睛很大并有一圈骨板保护，视力很好，四肢已经演化成了肉质的鳍状，还出现了背鳍和尾鳍。说明鱼龙已高度适应了水中生活，并能及时发现和快速追捕水中的猎物。在法国的霍耳茨马登地区，发现了许多鱼龙化石，特别是其中一件"母子化石"真实记录了小鱼龙即将降生时的情景，为了解鱼龙的生殖之谜提供了有利的证据。

来自贵州的鱼龙化石——李振宇提供

鱼龙化石在我国发现较多，20世纪70年代末我国的科学家们在西藏的珠穆朗玛峰地区，海拔4800米的地方发现了一条身长10米的巨大的鱼龙化石，叫作喜马拉雅鱼龙。它生活在距今2.3亿年以前的三叠纪晚期。这一发现，说明现在被称为世界屋脊的喜马拉雅山脉，曾经是碧波万顷的海洋，是古地中海的一部分，为海陆变迁提供了直接的证据。

我国贵州出土了大量的鱼龙化石，个体有大有小，它们生活在中三叠世到晚三叠世早期。那时，我国只有贵州和喜马拉雅地

萨斯特鱼龙（分别长5.7米和5.1米）——引自《贵州三叠纪古生物化石探秘》贵州人民出版社2016

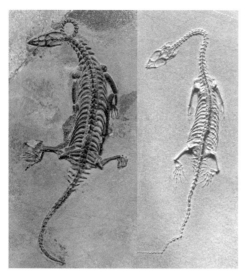

贵州龙

区是浩瀚的海洋。在我国陆地上恐龙还没有出现。

贵州龙不是恐龙，而属于海生爬行动物中的小型鳍龙类，身长几厘米到30厘米，是三叠纪海洋中最小的爬行动物。贵州龙头很小，两个眼孔很大，脖子和尾巴很长，都超过了躯干的长度。贵州龙化石最早是1957年7月由胡承志发现的，为此，杨钟键为之命名时采用了胡老的姓氏，命名为胡氏贵州龙。胡氏贵州龙的发现掀起了轰轰烈烈的贵州海生爬行动物发现

自贡璧山上龙

和研究的序幕。到目前为止，贵州龙化石发现数量众多。最早发现于贵州龙的兴义地区已经以贵州龙产地为中心建立了国家地质公园——兴义国家地质公园。贵州龙化石发现众多，现在全世界很多博物馆都有收藏。

1824年，蛇颈龙最早是由英国女孩玛丽·安宁在英国南部海岸的岩石中发现的。这类水生爬行动物的头很小，躯干像乌龟，尾巴短。头虽然偏小，但口很大，口内长满长而尖利的牙齿，呈锥状，脖子特别长，蛇颈龙也因此而得名。它们有四个善于游泳的鳍脚。蛇颈龙从侏罗纪一直延续生存到白垩纪晚期，它们生活在海洋或大的湖泊之中。自贡发现的自贡璧山上龙就是生活在淡水中的蛇颈龙。

在恐龙时代的海洋中还有一种凶猛的爬行动物叫作沧龙。它既不属于鱼龙类，也不属于蛇颈龙类，而是一种海生的蜥蜴。沧龙的身长可达10米，脖子很短，鼻孔在头顶附近，这样便于它呼吸，用不着把整个头都露出海面就可以进行快速呼吸，然后迅速返回到水中寻找猎物。它的嘴大得可怕，口中有向回弯曲

沧龙骨架图——引自《恐龙丛书》光明日报出版社1995

沧龙头骨化石（保存在重庆自然博物馆）

的牙齿，长而锋利，可以咬碎菊石的硬壳。沧龙的四肢也像鱼龙那样变成了划水用的浆状，尾巴很长并且上下加宽（有点像粗大的带鱼）。沧龙就是靠有力地挥动长而宽的大尾巴来产生向前运动的动力。依靠已经变成的"浆"的四肢来掌握方向。沧龙在白垩纪末期和恐龙一起灭亡了。但是，它那威武的身躯、硕大的头颅和锋利的牙齿实实在在地告诉我们它们确实是恐龙时代海洋中的一方霸主。

热河生物群中有一种奇特的长脖子爬行动物，叫作凌源中国水生蜥。化石全长116厘米。从化石的保存情况来看，这个动物是趴在湖底被火山灰掩埋而死的，

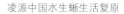

凌源中国水生蜥生活复原

同层保存的还有几条完整的狼鳍鱼。我们可以清晰地看到正当水生蜥准备享受美味狼鳍鱼的时候，遭遇了灭顶之灾。这个动物有一条长62厘米的尾巴，占整个身长的一半以上。从印迹上看，这个动物的背部很可能长有骨质背板，起着保护的作用。从表面上看，中国水生蜥的形态与幻龙类很相似，幻龙类是三叠纪的一种水生爬行动物，化石通常

凌源中国水生蜥化石（嘴边可见到狼鳍鱼化石）

保存在海相地层中，如我国贵州三叠纪的贵州龙，就是一种幻龙。与幻龙相比，二者时代上相差甚远，幻龙类局限于三叠纪，中国水生蜥保存在早白垩世的地层里；其次，幻龙类属于海相水生爬行动物，而中国水生蜥生活在淡水湖泊中；最关键的区别表现在骨骼结构上：从四肢来看，幻龙类由于比较适应水中的生活，它们的四肢已经向桨状发展，而中国水生蜥的四足上的爪比较发达，各趾之间没有任何蹼的痕迹，说明它们下水生活的时间不长，在水中游泳的能力不是很强，估计只能在水底爬行，偶尔能够在水中滑行一定的距离，但是它那长长的尾巴，会起到不小的阻碍作用。

值得一提的是中国水生蜥化石发现的时候是对开的两件正负模，被分别送往两个研究单位，其中一件送给北京自然博物馆并由北京自然博物馆先行描述命名为凌源中国水生蜥（*Sinohydrosaurus lingyuanensis* Li, Zhang et Li, 1999）。另外一件被送到中国科学院古脊椎动物与古人类研究所，被那里的研究人员描述命名为潜龙。这两个描述都是在不知道对方的情况下各自独立命名的，但是根据《国际动物命名法规》，中国水生蜥的名字先于潜龙的名字发表，因此潜龙的名字应当被认为是中国水生蜥的同物异名而属于无效名称。

恐龙时代的天空

恐龙时代的天空可能比现在蓝，因为那时候植物茂盛，氧气充分，更没有空气污染。

但是这里要说的是天空中的动物，那些在恐龙统治大地时期飞翔在空中的动物。

最早飞上天空的动物是昆虫。在3.5亿年前的泥盆纪中期的岩石中就发现了它们的化石。昆虫是在植物成功登陆以后，陆地上有了大量的食物之后应运而生的。昆虫自一出现就异常繁盛，其数量和种类一直都在地球上占据第一的位置。直到依然如此，现在地球上的150万种动物中，昆虫就有100万种之多。这主要是因为它们个体不大，所需的食物量很少，有点食物就够它们繁衍生息的；它们还是无脊椎动物中唯一有翅膀的动物；另外，它们还有惊人的繁殖能力。繁殖恐龙时代，昆虫的数量也十分庞大，尤其是白垩纪早期地球上出现了有花植物以后，昆虫的数量更是迅速增加。

翼龙最早出现在三叠纪晚期，那时恐龙也刚刚出现。早期的翼龙还很原始，它们有长长的尾巴，被称为"喙嘴龙类"；它们口中有许多尖尖的牙齿，可能是用来捕捉水中的鱼用的；它们前足的第四趾特别长，支撑着供飞翔的翼膜，第五趾消失，第一、二、三趾退化，在陆地行走时作为前脚使用。喙嘴龙类生活在侏

凤凰翼龙——引自吕君昌2013

谷氏中国翼龙复原图

罗纪期间。

　　长长的尾巴确实影响了翼龙的运动。根据骨骼结构分析，喙嘴龙类可能只在空中滑翔。到了侏罗纪晚期妨碍运动的长尾巴终于消失了，从喙嘴龙类中演化出来没有长尾巴的种类，叫作翼手龙类。它们的尾巴退化到几乎消失的程度，而且口中的牙齿也十分退化，有些进步的种类则完全消失了。翼手龙类由于摆脱了长尾巴的束缚，飞翔能力大大加强了，而且有的个体长得十分巨大，最大的翼手龙两翼张开可达到12米，真是个庞然大物！

　　翼龙类由于在空中飞翔，所以不容易保存成化石，不过我国翼龙类化石比较丰富，新疆、浙江都发现过翼龙的踪迹。特别值得一提的是在辽西、内蒙古、新疆等地发现了许多翼龙化石。翼龙类和恐龙一样也在中生代末期灭绝了。

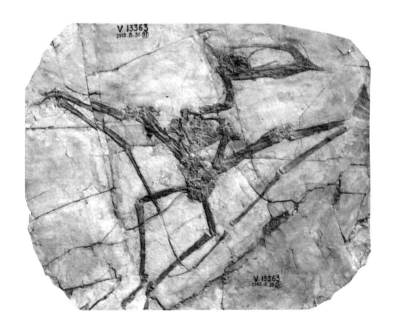

董氏中国翼龙化石——引自汪筱林和周中和，2002

119

哺乳动物祖先类群的发展

哺乳动物祖先类群就是以前说的"似哺乳爬行动物"。顾名思义,"似哺乳爬行动物"就是很像哺乳动物的爬行动物。但是,根据近年来广泛应用的分支系统学的研究发现,这些哺乳动物的祖先类群虽然"似哺乳",但是它们并不属于爬行动物。它们是和爬行动物并行发展一个类群,和爬行动物之间没有演化关系,只是"姐妹"的关系。在分支系统学中,把起源一个共同祖先的类群叫作"单系类群",而这种并行发展,不是起源于同一祖先的两个类群叫作"姐妹群"。所以,爬行动物和哺乳动物的祖先类群就是"姐妹群"。现在科学上把哺乳动物的祖先类群叫作基干下孔类,相当于以前被分类在爬行动物中的下孔亚纲。

在基干下孔类中,与哺乳动物最接近的是兽孔类,它们最早出现在晚石炭世到二叠纪中期的某个时刻。它们的个体都不像其他爬行动物那样大,和现代的猫狗差不多大。它们向哺乳动物方向迅速演化,在三叠纪的早期和中期十分繁盛,到了三叠纪的晚期,终于进化成了哺乳动物。

兽孔类中比较典型的类型要数犬颌兽了。它看起来很像一只狗,尤其是头骨又长又窄。这里值得注意的是,一般爬行动物口中所有的牙齿形状都是一样的,叫作同型齿。而犬颌兽已经出现了牙齿的分化,除了一对犬齿外,在下颌骨的前端长有钉子一样的门齿,两侧长有颊齿,每个颊齿都长有齿尖。犬颌兽还有一个完整的次生腭,将鼻腔和口腔分隔开来,这样可以在吞咽食物的时候同时呼吸空气。而其他爬行动物的次生腭是不完整的,在吞咽食物的时候是不能呼吸的,比

完美的中国颌兽头骨化石,中国中三叠世地层中发现的犬齿兽类化石 —— 引自 *Before Dinosaurs* 孙艾玲

犬颌兽复原图——引自 *Purnell's Prehistoric* ATLAS,P. Arduini and G. Teruzzi,1982

如蜥蜴。犬颌兽的脊椎骨也像哺乳动物那样有了颈椎、背椎、腰椎、荐椎、尾椎的区分。它们的四肢与身体接近垂直，和哺乳动物一样，膝部向前，肘部向后，大大增加了行动的敏捷性。犬颌兽是个比较活跃的猎手，当它发现猎物的时候，首先悄悄地靠近，占据有利的位置，待时机成熟时发动攻击。它们用长长的犬齿咬穿和撕裂猎物的皮肉，并用颊齿把撕下来的肉块切碎，更小块的肉更易于消化，能够迅速补充身体所需的能量。

水龙兽也是著名的基干下孔类动物，它们生活在三叠纪早期，大小和狗差不多。水龙兽的上颌有两个像犬齿一样的大獠牙，其他的牙齿都没有了，它

水龙兽复原图

们前肢粗壮，四肢较短，行动笨拙。水龙兽的化石曾经在远隔重洋的亚洲和非洲发现，这个现象一度令科学家很是困惑：如此笨拙的动物是如何远渡重洋的呢？后来，大陆漂移的理论提出来以后，人们才意识到在三叠纪早期的时候，世界上的大陆是连在一起的。于是，水龙兽化石的地位一下子提高了许多，因为它们是证明大陆漂移的有力证据。

基干下孔类在二叠纪十分繁盛，只是进入中生代以后，由于恐龙的繁荣而逐渐衰落，最终于侏罗纪灭绝。

为什么哺乳动物在中生代没有繁盛起来

我们把6600万年前到现在的新生代叫作哺乳动物时代，因为哺乳动物在这个时代得到了大发展，种类繁多，适应性强，占据了地球上的许多生态资源。其中最成功的应该是我们人类，现在我们人类用智慧统治了全世界，当然对环境造成了破坏。

哺乳动物早在2.3亿年前的中生代早期就出现在地球上了，当时恐龙也是刚刚出现。也就是说哺乳动物是与恐龙几乎同时出现在地球上的。如果说新生代哺乳动物如日中天的话，那么，整个中生代就是哺乳动物的黎明。哺乳动物的黎明长达1.6亿年，真可谓漫漫长夜。

爬行动物也在此期间发展壮大。众所周知，哺乳动物比爬行动物高级得多。但是令人奇怪的是本来与恐龙同时出现的哺乳动物却在生存竞争中败给了仍然属于爬行动物的恐龙。为什么先进的动物反而在竞争中却输给了更原始的动物呢？这要先让我们分析一下哺乳动物比爬行动物高级在哪里？

哺乳动物最显著的特点就是它们是恒温动物，又叫作内热动物。它们身体外面有毛，能很好地保持体温，所以天冷的时候它们照样可以利用自己体内发出的热量进行各种活动；大多数爬行动物属于冷血动物，要依靠周围的环境来提高自己的体温，体内达到一定的温度它们才能进行各种活动。如果周围环境温度下降了，许多爬行动物都不能动了。另外，现生爬行动物体表没有毛保温，所以它们对外界温度的依赖性就更强。这样看来哺乳动物比爬行动物对外界环境有更强的适应性。然而，在整个中生代期间地球的各个大陆上，特别是北方大陆一直是温暖潮湿的，属于热带亚热带气候，没有冬天！这给爬行动物的生存创造了极好的外界环境，所以哺乳动物的体内恒温的优势没有发挥的余地。于是爬行动物一出现就捷足先登，然后发展壮大并占据了更多的生态环境，终于压制了哺乳动物的发展。中生代时，形成了爬行动物和哺乳动物"两极分化"。以至于在中生代结束的时候，最大的爬行动物可以达到几层楼高，最长的竟达到38米！而当时最大的哺乳动物不过像猫、狗一样大小，而且数量上也和爬行动物相差甚远。

　　哺乳动物在黎明阶段，受尽了爬行动物的挤压，一直在爬行动物的缝隙中苟且偷生。直到中生代末期恐龙走向灭绝，才腾出了广阔的生存空间使哺乳动物得以发展。天体与地球相撞，造成尘埃涌上天空，遮天蔽日，地球上变得十分寒冷，许多大植物由于没有阳光也都死亡了。爬行动物饥寒交迫，纷纷死亡。哺乳动物则凭借体内恒温和体外的毛发，在这场大灾难中劫后余生。待尘埃落定，地球进入了新生代，大地上已是另外一番景象，在以恐龙为代表的爬行动物累累白骨旁边，哺乳动物经过短暂的"喘息"之后，便迅速辐射发展。仅仅经过了6600万年，哺乳动物造就了今天的繁荣世界。

带羽毛的恐龙和鸟的起源

自从20世纪90年代中期以后，中国辽西地区连续发现的带羽毛的恐龙和丰富的鸟化石，轰动了全世界。这些带羽毛的恐龙不但使人们相信有些小型兽脚类恐龙很有可能属于热血动物以外，更重要的是这些长羽毛的恐龙基本证实了鸟类是恐龙的后代这个争论了100多年的问题。科学家们相信，鸟类的起源问题最终将会在辽西地区得到解决。

中华龙鸟

　　1996年春天，辽西地区第一只带羽毛的恐龙化石发被现于北票市上园镇四合屯，并由中国科学院南京地质古生物研究所收藏。辽西地区在白垩纪早期是火山喷发期，经常发生火山喷发。在火山喷发间歇期，这里土地肥沃，植被茂盛，吸引了很多动物前来嬉戏、生活。当时，辽西地区还有很多小的湖泊，湖里各种鱼儿悠闲地生活，湖边聚集了很多动物。这时又一次的火山喷发，把这些动植物迅速掩埋，就形成精美化石。这些化石被压在岩层之间，被打开后常常形成石板两面都有化石的情况，被称为"对开两面的化石"。在南京地质古生物研究所收到带羽毛恐龙化石的同年8月份，这件化石对开的另一面又被送到中国地质博物馆。中国地质博物馆的科学家在这件化石上发现了类似毛发的皮肤衍生物。研究人员认为这些衍生物是原始的羽毛，并认为这是一件原始的、类似恐龙的鸟类化石，故将其命名为"中华龙鸟"。这件化石一公布于世，便立刻吸引了全世界的关注。现在，经过详细研究，最终将中华龙鸟归入小型兽脚类恐龙。这一工作意义重大，恐龙可以长羽毛的发现激活了当今生物演化的一大热点——鸟类的起源问题。

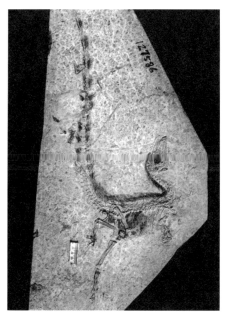

中华龙鸟化石——图片引自《热河生物群》张弥曼，2001，化石保存在中科院南京地质古生物研究所

　　中华龙鸟显示出许多介于恐龙和鸟之

间过渡类型的特征。中华龙鸟和火鸡差不多大小，嘴里长着锐利的牙齿，牙齿侧扁呈刀状，边缘有锯齿，骨盆构造和其他小型兽脚类一样，为三射型，耻骨向前伸，尾巴很长，超过身长的一半。中华龙鸟有50多节尾椎；前肢短小，仅为后肢的三分之一，前足上有三个趾。特别重要的是在它的身体背部中线上有一列类似"毛"的构造，从头一直到尾巴尖。经过对标本详细观察得知这是一只年轻的动物，所以可以认为成年个体的体型可能会更大一些。它们生活在1.25亿年前的白垩纪早期，依靠在丛林中捕捉昆虫和小动物为生。

关于中华龙鸟身上的"毛"还曾经引起一场争论。关于这种"毛"，科学界曾进行过很激烈的争论。刚刚发现这件化石的时候，就有科学家认为这是一种原始的羽毛，可是身体的骨骼却和恐龙一样，并认为是恐龙向鸟类进化的中间环节。从给新类型的动物命名，就能反映出命名人的观点。显然，研究人员认为这是一种鸟类。可是大部分科学家则认为中华龙鸟应该属于恐龙，因为从许多特征来看它确实符合恐龙的特征，特别是它有一个很长的尾巴，还有50节脊椎。大家现在看到的鸟虽然也有尾巴，而且有的也很长，但那都是羽毛，体内的骨骼没有尾椎，只在尾部形成一块叫作"尾综骨"的骨头。

认为中华龙鸟属于恐龙的科学家提出了一个很有说服力的证据，那就是在与中华龙鸟相同的地层中找到了许多确实属于鸟的化石，其中最著名的就是孔子鸟。也就是说中华龙鸟与真正的鸟曾经生存在相同的时间。于是，科学家们指出中华龙鸟并不是鸟类的祖先，因为祖先不可能和它们的后代生活在一起。既然，中华龙鸟不是鸟类的祖先，那只能是恐龙了，而且是带毛的恐龙。中华龙鸟的科学价值不在于它是龙还是鸟，而在于它所具有的特征处在恐龙和鸟的过渡阶段，并且可以排测有些恐龙极有可能是热血动物。

【小知识】表皮衍生物　我们人类也有皮肤，皮肤的最外层叫作表皮，表皮没有神经，所以如果我们的表皮破了或者掉了，都不会感觉疼痛。干体力活多了以后，我们的手心会起茧子，这就是表皮变厚而形成的。在中华龙鸟身上，表皮变细成毛状。这种由表皮变化而形成的构造就叫作表皮衍生物。

中华龙鸟复原图

原始祖鸟

　　1997年，辽西出土了第二只带毛的恐龙，叫作原始祖鸟，也是在北票四合屯发现的。原始祖鸟的生活时代和中华龙鸟差不多。一开始，研究人员仍然认为这是一只鸟的化石，它的个体和中华龙鸟差不多大小，但前肢较长，形态接近始祖鸟，最重要的是它的尾巴上长有真正的羽毛。但是，羽片保持对称结构，显示出不能飞翔的特征。它的后肢粗壮，趾上有锐利的爪子。原始祖鸟不会飞，它们靠后腿奔跑，带羽毛的前肢伸开起平衡作用，以便能够顺利追捕河湖岸边的小动物。

　　原始祖鸟的发现在鸟类起源的研究上具有更大的意义，因为它具有了真正的羽毛，在进化上比中华龙鸟更接近鸟。同时，它比著名的产于德国的始祖鸟更加原始，因此起名叫作原始祖鸟。原始祖鸟的发现使得恐龙的鸟类之间的界限越来越模糊。

原始祖鸟复原图——照片引自《辽宁古生物化石珍品》；吴启成；地质出版社；2002；ISBN 7-116-03552-4/Q · 18

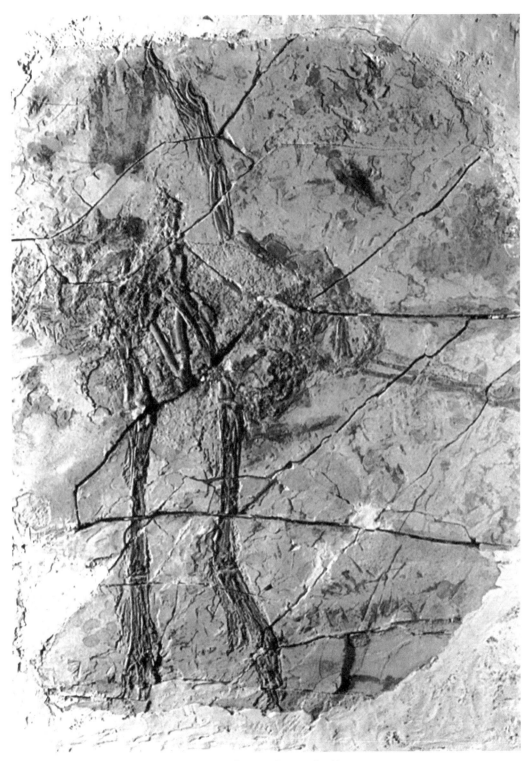

原始祖鸟化石——照片引自《辽宁古生物化石珍品》；吴启成；地质出版社；2002；ISBN 7-116-03552-4/Q · 18

尾羽龙

1998年，中国科学家公布了在辽西地区发现的第三件带羽毛的恐龙化石。因为在它的尾巴上长有清晰的羽毛，所以叫作尾羽龙。化石发现的地点和原始祖鸟在一个地点，仍是北票四合屯，而且化石的时代也和原始祖鸟一样。

尾羽龙化石的状态显示了小型兽脚类恐龙典型的死亡姿势，颈部弯曲，头向后翻转，这是因为恐龙死亡后神经组织干缩造成的。尾羽龙的头比较短，但上下比较高，嘴中的牙齿已经退化，只是在上颌的前部存留残余。尾羽龙脖子较长，身体粗壮，胸肋上有和鸟类相似的钩状突起。有意思的是在它的胃部发现了上百枚小胃石，可知尾羽龙依靠胃中的这些石子研磨没有咀嚼的食物。因此，有科学家推断，尾羽龙可以吃植物。尾羽龙尾巴较短，但是没有像鸟类那样愈合，在末端长出一簇羽毛，成扇状分布，羽毛上的羽片仍然是对称的。它的后腿很长，配合着向后背着的头骨，使化石看上去很像是在跳芭蕾舞。

尾羽龙化石——标本保存在北京自然博物馆

北票龙

　　第四件带羽毛的恐龙是在1999年发现的。这件化石只有几块零散的化石，包括脊椎骨、四肢骨、带牙齿的颌骨等。虽然化石不特别完整，却显示了清晰的毛的痕迹，这件化石的毛的是细丝状的，很像哺乳动物身上的毛发而不是羽毛。北票龙大小和驴差不多，头小而扁，嘴长，嘴中有小树叶状的牙齿，边缘上有小锯齿，这些都是食植性恐龙的特征。可是，北票龙的四个脚上都有大而弯曲的爪子，身体也很强壮，又显示出了食肉恐龙的特性。北票龙到底是吃肉的还是以植物为食？科学界一直没有定论，还有待更多的化石发现。迄今为止，北票龙是所发现的带毛恐龙中个体最大的。

北票龙化石——图片引自《热河生物群》张弥曼，2001，化石保存在中科院古脊椎动物与古人类研究所

北票龙复原图——照片引自《辽宁古生物化石珍品》吴启成，2002；ISBN 7-116-03552-4/Q · 18

中国鸟龙

第五件带毛恐龙也是于1999年发现的。这是第一件由科学家亲自发掘的带毛恐龙化石，它的大小和中华龙鸟、原始祖鸟差不多，头骨比较低长，口中有小匕首状牙齿，边缘有锯齿，骨骼中空比较轻，手和足上都有尖锐的爪子。从骨骼分析，中国鸟龙的前肢可以上下拍打，身上的毛也和北票龙一样，类似哺乳动物的毛发；从化石结构分析，中国鸟龙与始祖鸟的关系更加密切。中国鸟龙也和中华龙鸟、尾羽龙一样生活在1.25亿年以前的白垩纪早期。

中国鸟龙复原图——照片引自《辽宁古生物化石珍品》吴启成，2002；ISBN 7-116-03552-4/Q · 18

中国鸟龙化石——图片引自《热河生物群》张弥曼，2001

小盗龙

　　第六件带毛恐龙的发现是从一件假化石被揭露而引出的（假化石的骗局后面详细介绍）。那件假化石是一个恐龙的尾巴被人为地接到了一只鸟化石的上面。后来中国科学家识别出化石是拼接的，同时发现造假者使用的恐龙的尾巴是一种从前没有发现的新种类恐龙，于是科学家们把它命名为赵氏小盗龙。小盗龙和中国鸟龙一样，也属于兽脚类恐龙中的驰龙科，并且在许多特征上和早期鸟类非常相似。区别在于，小盗龙的个体很小，和最古老的鸟类始祖鸟大小相仿。

赵氏小盗龙化石——照片引自《辽宁古生物化石珍品》吴启成，2002；ISBN 7-116-03552-4/Q·18

赵氏小盗龙复原图

它代表了世界上已知个体最小的恐龙。

小盗龙的时代比中华龙鸟、尾羽龙等带毛的恐龙要晚一些，它们大小和鸡一样大，口中有牙，和始祖鸟的牙齿类似，尾巴是一根长长的棒子，这是小型食肉恐龙——驰龙类所特有构造，在尾椎周围有很多肌腱固定着尾巴成棒状。小盗龙的体表覆盖着一层类似羽毛的皮肤衍生物，在身体不同的地方羽毛的形状也不一样，这是现代鸟类的特征，它们的身体特征更近似鸟类。小盗龙的发现使得恐龙和鸟类的分类界限更加模糊。从骨骼分析来看，小盗龙是生活在树上。许多科学家甚至认为这就是鸟类的直接祖先类型，而且通过对小盗龙的研究认为鸟类飞翔的最先是从树上向下滑行的。

赵氏小盗龙的背后还有一段令人深思的故事呢。这由一个"恐龙造假"事件而引起的。

轰动世界的"长羽毛恐龙造假"事件

辽西地区带毛恐龙的层出不穷，吸引了全世界的关注。由于每次化石的发现都惊人地与人们的期待相吻合，所以，科学家们对于出现一些珍贵的过度类型化石已经习惯了，而且带羽毛恐龙的发现越来越紧密地连接着鸟类和恐龙这两大类群的动物，越来越清晰地证明了鸟类是从小型兽脚类恐龙起源的。这有点像数学上的哥德巴赫猜想，恐龙和鸟类的关系越来越清晰了，只差最后一步就能摘下皇冠上的那颗明珠。

世界权威刊物美国《国家地理》杂志1999年第11期，以《霸王龙有羽毛吗？》为题报道了一件又像鸟又像恐龙的化石。这件化石上长有类似始祖鸟的头和翅膀，但是还有一条典型的驰龙所具有的棒壮尾巴。文章作者认为找到了恐龙和鸟之间"最中间"的过度类型，这就是鸟类和恐龙之间的一直没有找到的缺失环节。但是，后来被证明这件化石是人为地将三块毫不相干的化石拼接在一起的，从而揭露一起轰动世界的造假事件。

事件开始于1999年2月，当时犹他布兰丁恐龙博物馆馆长斯蒂芬·赛克斯在位于图桑的世界最大的化石市场上发现了一块鸟身上长着一条恐龙尾巴的化石。赛克斯是一位狂热的恐龙爱好者，也是一位艺术家。出于对化石的热爱和对过度类型化石的敏锐，他花重金购买了这块化石，并丝毫没有怀疑标本的真实性。

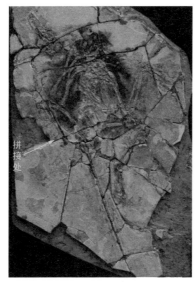

被拼接的化石及紫外光
照片——图片引自《化
石发掘：在希望与失望
之间》周濂，2001，科
学世界（杂志）

　　一周后，赛克斯夫妇请求加拿大科学家菲利普·居里先生合作撰写一篇论文。居里先生是世界上研究兽脚类恐龙方面最有经验的专家，享有很高的声誉。他见到化石后，表示出浓厚的兴趣，并欣然同意撰写论文。由于在中国辽西地区连续发现令人们不敢相信的珍贵化石。这次居里先生也没有任何怀疑。由于居里先生经常向美国《国家地理》提供古生物方面的咨询，所以《国家地理》于1999年第11期将文章发表，并给这件化石命名为——辽宁古盗鸟。

　　然而，一件非常凑巧的事情发生了。正当人们为此成果拍手喝彩的时候，1999年12月，中国科学院古脊椎动物与古人类研究所的年轻科学家徐星博士在研究另外一件采自辽宁的兽脚类恐龙标本时发现，他正在研究的恐龙化石的尾巴恰恰是"辽宁古盗鸟"标本上拼上去的尾巴的另外一半的对开印模。而正在研究的这条尾巴上面连接的是一只典型的恐龙。可是辽宁古盗鸟的那条尾巴却"长"在一只鸟身上。因此证明"辽宁古盗鸟"是一个由不同动物骨骼拼凑起来的人为"物种"。徐星博士随即通过电子邮件通知了美国国家地理学会。这一消息震惊了包括《国家地理》主编在内的所有人。本着有错必纠的原则，国家地理学会于2000年1月宣布了这一消息，随即在全世界引起轩然大波。

　　后来经过详细观察，"辽宁古盗鸟"标本至少是由三种不同的动物拼凑而成。它的头部和身体部分代表一种中生代鸟类——马氏燕鸟，而尾巴则是后来命名为赵氏小盗龙的尾巴。这就是上面提到的第六件带羽毛的恐龙。

四个翅膀的恐龙

继 1996 年发现第一只带毛恐龙之后，仅过了 7 年的时间就发现了带翅膀的恐龙，而且还长了四个翅膀。这是辽西地区发现的第七只带羽毛的恐龙，是第一只带翅膀的恐龙。

2003 年我国科学家公布震惊世界的科学发现：在辽西地区又发现了长有四个翅膀的恐龙。这次发现的恐龙

顾氏小盗龙复原——图片引自《热河生物群》张弥曼，2001

化石身长 77 厘米，骨骼十分完整而且清晰，有一个长而直的尾巴，显示恐龙生活的时候尾巴在身体后面高高翘起。尾巴的长度占整个恐龙身长的三分之二。这个特征是所有驰龙类共有的特征。但是，这只恐龙的身上长满了羽毛，除了前肢长有丰富的羽毛以外，在后肢上也长有和前肢一样的羽毛。这在所有发现的恐龙当中是绝无仅有的！于是科学家推测这只恐龙生活的时候四肢都是翅膀，于是，认定它是长了四个翅膀的恐龙！它的前足已经开始转变成和其他鸟类一样的翅膀，没有了抓握功能，后足细而弯曲，特别适合攀爬树枝，由此科学家认定这只恐龙是生活在树上的。又由于它前后肢都有羽毛，后肢也可以当作翅膀使用，科学家认为这只恐龙可以从树上向下滑行，从而证明了飞翔的起源是从树上开始的，而不是像之前有些科学家推断的那样：飞翔是从地面迅速奔跑起源的。

这件化石也属于小盗龙，并有一些新的特征，特别是浓密的羽毛而代表一个新的物种。这件化石被命名为顾氏小盗龙。

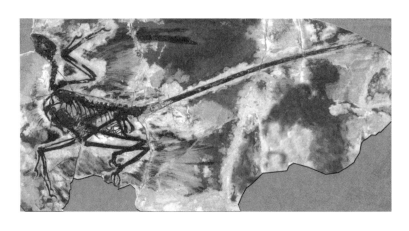

顾氏小盗龙化石——图片引自《热河生物群》张弥曼，2001

近鸟龙

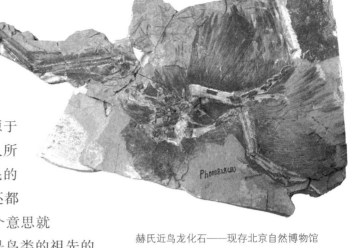

随着带羽毛恐龙化石越来越多的发现，鸟类起源于恐龙的假说被越来越多的人所接受。但是，很多含带羽毛的恐龙化石的地层的同层位还都发现了大量的鸟化石！这个意思就是说，如果带羽毛的恐龙是鸟类的祖先的

赫氏近鸟龙化石——现存北京自然博物馆

话，它们是不应该和它们的后代——鸟类生活在一起的。在近鸟龙发现之前，几乎所有长羽毛恐龙的地质年代都是早白垩世，晚于最早的鸟——始祖鸟的侏罗纪晚期。有些人甚至因此怀疑鸟类起源于恐龙的理论。

2009年2月，中科院古脊椎动物与古人类研究所的徐星研究员研究了在辽宁建昌中生代地层髫髻山组内发现的一件带羽毛恐龙，并将其命名为"赫氏近鸟龙"（Anchiornis huxleyi）。后经同位素测年，确定含赫氏近鸟龙的地层年代为1.6亿年前的晚侏罗世早期，比世界公认的最早的鸟类——始祖鸟的1.5亿年到1.55亿年早500万到1000万年。赫氏近鸟龙是目前所发现的年代最古老的长羽毛恐龙，而且比最早的鸟还要早。这就解决了祖先和后代生活在同一时期的矛盾。进一步证明了鸟类起源于恐龙的理论。2009年以后，很多赫氏近鸟龙化石被发现，多数都具有很清晰的羽毛印痕，说明赫氏近鸟龙羽翼丰满。科学家对其羽毛进行了详细的分析，并第一次在恐龙身上科学地复原了羽毛的颜色。

赫氏近鸟龙复原——引自Li et al.,2010 *Science*

足羽龙

2005年，中国著名古生物学家徐星教授在德国的《自然科学》杂志撰文描述了一条腿上覆有浓密大羽毛的恐龙，震惊了国际古生物界。化石发现于内蒙古宁城道虎沟侏罗纪中期到晚期的地层中。由于腿上长满了密密的羽毛，徐星将其命名为道虎沟足羽龙（*Pedopenna daohugouensis*）。根据足羽龙发现的地层判断，其地质年代早于目前已知最古老的鸟——始祖鸟，而且足羽龙身上的羽毛和小盗龙比起来，更接近鸟类。和小盗龙一样，由于腿上长满很长的羽毛，科学家推测足羽龙特别不适应在陆地上行走。因此，足羽龙和小盗龙一样都支持鸟类飞翔树栖起源的假说。虽然没有发现整个骨架的化石，但是根据所发现的部分可以推测道虎沟足羽龙身长可达到一米左右，大于前面发现的小盗龙。足羽龙的发现使得科学家对鸟类起源于恐龙的假说更加确信了。

足羽龙复原图

鸟类是恐龙的后代吗

  因为发现了鸟类和恐龙之间的过渡类型——始祖鸟，古生物学家坚持认为鸟类是恐龙演化而来的。如果没有羽毛，始祖鸟就是一种小型兽脚类恐龙，可是它确实长着鸟类所特有的羽毛。于是，人们就联想到始祖鸟是恐龙和鸟类之间的过渡类型，甚至有的科学家干脆把鸟归入恐龙类群中，因为除了羽毛，这两类动物有许多相似的地方，比如卵生、腹部抬离地面、有长长的尾椎骨等等。鸟类起源于恐龙的理论是英国博物学家赫胥黎在1860年首先提出的。1859年，达尔文的《物种起源》著作发表，生物进化论正式提出，引起了世界的轰动，由于这个理论与传统理论相差甚远，和人们心目中的观念有很大区别，于是遭到了强烈的反对。正在这时始祖鸟化石出土，有力地证明了生物之间的进化关系。1973年，一位美国著名的恐龙及鸟类学家奥斯特鲁（J. Ostrom），从始祖鸟的骨骼很像小型兽脚类恐龙——虚骨龙这一点出发，详细研究了虚骨龙类恐龙和始祖鸟的骨骼并将这两类动物的骨骼进行细致的比较，找到了始祖鸟和恐龙之间十多个相似之处，于是以奥斯特鲁为代表的"鸟类从恐龙起源"的理论就有了更加有力的证据，使得鸟类起源于恐龙的理论在沉寂了一百多年以后，又一次成为热门话题。20世纪，人们已经广泛接受了生物进化理论，于是人们完全用科学的观点来审视这个理论，因此得到了广泛的支持。

  从1988年，我国辽西地区发现第一枚中生代鸟化石——三塔中国鸟以来，在这一地区先后出土了大量的鸟化石和带"毛"恐龙的化石，再次掀起了关于鸟类起源理论的讨论热潮，特别是带毛恐龙——中华龙鸟的发现一直是人们讨论的焦点，人们主要争论的问题是，中华龙鸟是否是鸟类的鼻祖？因为从中华龙鸟的形态看，如果认为它在从鸟类向恐龙进化的主线上的话，那么中华龙鸟比始祖鸟更原始。于是，就更加证明了鸟类起源于恐龙的理论。

  1996年，《自然》杂志又描述了两种似鸟似龙的动物，一个叫作原始祖鸟、另一个叫作尾羽龙。这两种鸟身上有羽毛，口中有带锯齿的牙齿，前肢比后肢短，而且有长长的尾巴，关于它们是龙是鸟争论了很长一段时间。虽然最后被确定为恐龙，但是它们确实"混淆"了龙和鸟之间的界线，进一步告诉人们鸟类和恐龙之间的亲缘关系。

  认为鸟类不是起源于恐龙的学者恰恰利用在辽西地区早白垩世地层中发现了大量的鸟化石这一事实，来反驳鸟类起源于恐龙的理论。他们认为如果中华

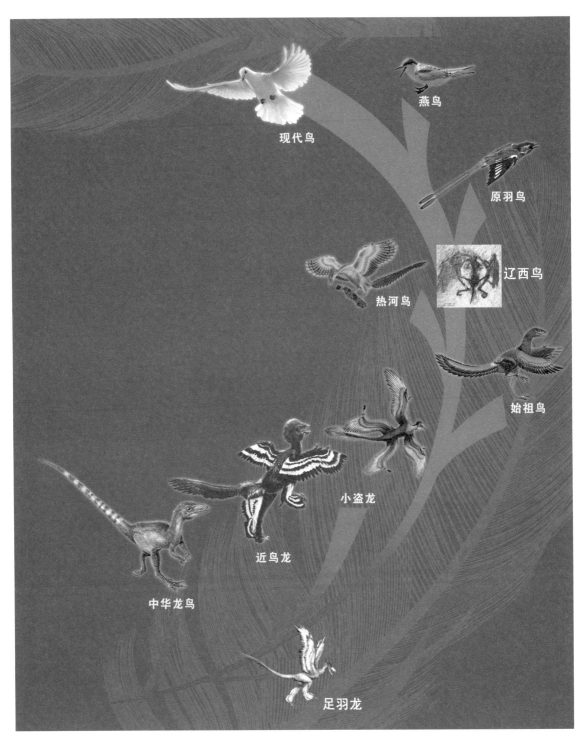

燕鸟

现代鸟

原羽鸟

辽西鸟

热河鸟

始祖鸟

小盗龙

近鸟龙

中华龙鸟

足羽龙

鸟类起源

龙鸟是鸟类祖先的话，那么鸟类祖先应该比它的后代生活在更早期的时代，化石应该保存在更古老的地层中。可是中华龙鸟却与真正的鸟类孔子鸟、华夏鸟等化石基本存在于同一层位。于是，持反对观点的人认为中华龙鸟与真正的鸟应该起源于时代更古老的祖先，中华龙鸟与孔子鸟属于姊妹类群，而没有演化关系。于是恐龙不是鸟的祖先。就像今天我们和猿一样，我们和现代猿生活在同一时期，我们之间没有祖裔关系，也就是说我们谁也不是谁的祖先，我们都是从400万年以前的古猿演化来的，现代猿也是从那种古猿演化来的，和我们人类经历了相同的演化时间，但是演化方向截然不同。我们经历了400万年的变化，变成今天人的样子，现代猿也经过400万年的演化变成了今天猿的样子。我们常说猿是人类的祖先，但并不是说的现代猿。即使给现代猿创造一个当时人类起源的环境，它也不会再变成人了，因为它已经变化了，已经不是古猿了！根据生物进化不可逆理论，它绝不会沿着它进化的路线回到古猿时代，再重新演变成人。它只能在现在的基础上变化，如果环境变化，它们肯定也发生变化，但可能演变成另外一种动物，但那也不是人类，而且离人类会越来越远。同样道理，中华龙鸟可以演变，始祖鸟可以演变，都可以进化成另外一种动物，但那不是鸟。而上面提到的近鸟龙和足羽龙已经解决了"时间"的问题，它们的出现时间早于最早的鸟。

关于鸟类起源的讨论仍然在继续，每种观点都需要进一步的证据证明。不过现在越来越多的证据证明鸟类起源于恐龙的假说。

始祖鸟

1861年，德国南部的巴伐利亚省索伦霍芬地区出露的石灰岩中发现了一根6.8厘米长的羽毛化石。这片石灰岩的年代是侏罗纪晚期的，距今1.4亿多年。这根羽毛十分清晰，结构与现代鸟类的羽毛很相像。产出鸟羽毛的石灰岩经常被用作建筑材料，叫作石板石灰岩。于是，这根羽毛被命名为印版始祖鸟。这是世界上首次发现鸟类化石。也是始祖鸟化石的首次报道。

最早发现的始祖鸟羽毛

同年又在同一地区发现了一具完整的骨架印痕化石，只是头骨保存不完整，骨架上有清晰的羽毛印痕，这个印痕与不久前发现的那根羽毛很相似，于是也被认定为是始祖鸟。这是第二次始祖鸟的记录，但这是世界上第一个始祖鸟的完整骨架。这件化石现在保存在伦敦的英国自然博物馆，被称为"始祖鸟伦敦标本"。

1877年，在距离第一具始祖鸟完整骨架30公里的地方又发现了第二具更完整的始祖鸟完整骨架，不仅骨架完整，头部也很完整。这具最完整的始祖鸟化石，现在保存在柏林大学，被称为"柏林标本"。

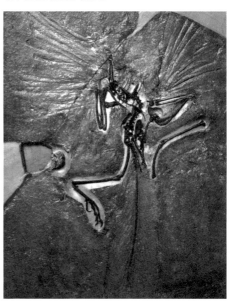

伦敦始祖鸟——图片引自 *The Natural History Museum Book of DINOSAURS*（恐龙——自然博物馆丛书）Tim Gardom，1993；出版：Pam Macmillan Publisher, Australia. ISBN 0 7251 0730 8

第三只始祖鸟化石是1956年在第一具始祖鸟化石产地发现的。这件化石的地层比第一只鸟化石高6米，也就是说年代稍微晚一些。这件化石后来被发现地的矿主保存在自己家里。当化石的主人1991年去世后，该化石才被发现失踪。这件标本被称为马克思伯格标本（Maxberg specimen）。

第四件始祖鸟化石是1970年发现的。当年，美国著名恐龙和鸟类学家约翰·奥斯特鲁（John Ostrom）到荷兰的泰勒博物馆参观，在参观过程中识别出原来藏品中的一对正负模石板是始祖鸟化石。这对化石也是从德国的索伦霍芬采集的，不过采集时被鉴定为翼手龙。根据记录这只始祖鸟是在1855年发现的，应

柏林标本——引自 *From Dinosaur to Bird: the Missing Link*，National Geographic，1978,Vol.154, No.2, Aug.

埃克斯陶特标本

该是最早被发现的始祖鸟化石，可惜当时没有认出来。这件标本被称为泰勒标本（Teyler specimen）或者哈勒姆标本（Haarlem specimen）。

第五件始祖鸟化石是1974年发现的。当年，德国的古鸟类学家沃尔赫费尔（P.Wellnhofer）又把一个以前被鉴定成美颌龙的化石认定为始祖鸟。根据记载这件化石是1951年发现的，现在保存在侏罗博物馆被叫作埃克斯陶特标本。这件化石保存了完好的头骨，也是所发现的最小的始祖鸟化石。

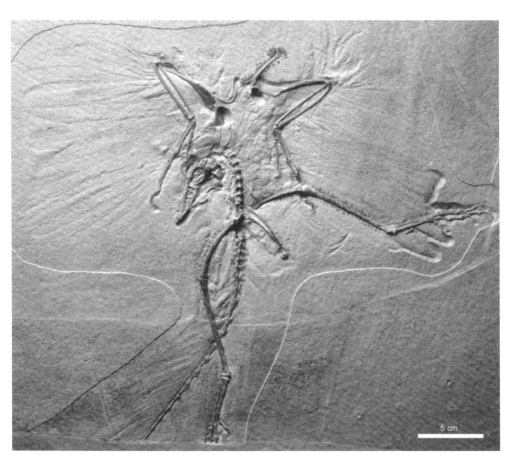

第10件始祖鸟化石——图片来自网络

鸽子

始祖鸟

似鸟龙

始祖鸟、鸟类、恐龙的骨骼化石比较——引自 *From Dinosaur to Bird: the Missing Link*, National Geographic，1978,Vol.154, No.2, Aug.

始祖鸟复原图 ——引自 *The Natural History Museum Book of DINOSAURS*,Tim Gardom,1993; 出 版: Pam Macmillan Publisher, Australia. ISBN 0 7251 0730 8

第六件始祖鸟标本是20世纪60年代就被发现了，但是一开始被鉴定为美颌龙。1988年，重新研究后才重新认定为始祖鸟化石，是目前发现的最大的始祖鸟，现在保存在米勒尔博物馆，叫作索伦霍芬标本。

1993年，第七只始祖鸟出土，由于特征与前六只有较大的区别，这只始祖鸟被沃尔赫费尔确定为一个新种，叫作巴伐利亚始祖鸟。由于标本保存在慕尼黑古生物博物馆，因此也被称为"慕尼黑标本"。

第八件始祖鸟标本是1990年在巴伐利亚州施瓦本地区的德廷（Daiting）附近发现的。这具化石不太完整，但其地质年代却是最新的，被称为德廷标本（Daiting specimen）。

第九件始祖鸟化石是2000年在索伦霍芬附件的一个采石场发现的，目前为私人所有，并于2004年在穆勒市长博物馆展出。这是一件保存很不完整的标本，只有一个前肢的化石，因此被称为"鸡翅标本（Chicken wing specimen）"。

第十件始祖鸟标本于2001年由美国怀俄明恐龙中心（Wyoming Dinosaur Center）从一瑞士人手中购买。但是，对其发现和采集历史目前还不得而知。这件标本十分完整，2005年首次正式发表，2007年又被详细描述。在这件化石上，科学家认定始祖鸟没有现代鸟类脚上的那样的反向脚趾，因此始祖鸟被认为还是陆栖动物，就像很多兽脚类恐龙那样，很少到树上。由于怀俄明恐龙中心位于美国怀俄明州的瑟莫普利斯，所以这件始祖鸟化石又被称为"瑟莫普利斯标本"（Thermopolis specimen）。

第十一件始祖鸟化石还是归私人拥有，2011年曾经在德国新慕尼黑国际会展中心展出，也属于保存得比较好的标本。2014年由慕尼黑大学的古生物学家发表了研究报告。第十二件始祖鸟骨架标本是2014年发现的，也保存在私人收藏家手中。第十一和第十二件标本都没被命名。

到目前为止，在德国共发现了十二件只始祖鸟骨架和一件羽毛化石，全部来自巴伐利亚州侏罗纪地层中。始祖鸟属于原始的鸟类，身体外面具有羽毛，锁骨已经形成鸟类所特有的叉骨，部分掌骨和腕骨开始愈合。在后来真正的鸟类中全部掌骨和腕骨都已经愈合在一起，始祖鸟只是刚刚开始愈合，这一点也反映出它是比较原始的鸟类。同时，始祖鸟的身上还有许多爬行动物的特征，比如，头上还有两个颞颥孔；尾椎的数目很多，达20多枚，还没有形成尾综骨；还没有鸟类所特有的龙骨突和喙，口中还有牙齿，最大的爬行动物特点就是前肢虽然形成翅膀，但是，翅膀上还有三个"趾"残留，而且都有爪子。这些特征都符合爬行动物的特征，说明始祖鸟是从爬行动物演化来的。始祖鸟清晰地揭示了恐龙和鸟类之间的进化关系。

原始热河鸟

原始热河鸟复原图——古脊椎动物与古人类研究所明信片

2002年7月25日的英国《自然》杂志记述了我国辽宁朝阳又发现了一种新的原始鸟类化石，这件化石是我国境内迄今为止发现的最原始的一种鸟类，被命名为"原始热河鸟"。更令人感兴趣的是，科学家们还在原始热河鸟的胃里发现了许多植物的种子，并风趣地称这些种子是原始热河鸟"最后的晚餐"。在我国发现的数百件鸟类化石中，这还是第一件保存了有关食性直接证据的化石。

原始热河鸟的尾巴由20多枚尾椎骨组成，而且十分细长。其原始的骨骼特征与奔龙类恐龙十分相似。此外，原始热河鸟的第二脚爪也特别发达，这与鸟类不同，却和奔龙类、伤齿龙等小型兽脚类恐龙相似。非常有趣的是，热河鸟的牙齿已经十分退化，但是上下颌都十分粗壮发达，推测可能是为了适应研磨种子的需要。原始热河鸟化石的胃部大约包含了50颗种子，体内的种子都比较完整，保留了比较新鲜的外表。这些种子大面积的分布，还说明原始热河鸟可能具有一个相当发达的嗉囊，负责储存和消化的功能。但这些种子属于什么植物还需要进一步的研究。

原始热河鸟化石

辽西鸟

　　娇小辽西鸟是1999年侯连海和陈丕基描述命名的又一件辽西地区的鸟化石。这件化石产于辽宁省凌源市大王杖子乡早白垩世的凝灰质页岩中，化石保存完美。我们知道凝灰质页岩属于火山碎屑岩，是火山灰落在平静的湖水中形成的岩石，层理清晰，容易保存精美化石。辽西地区这种岩石很多，所以辽西地区精美化石大量被发现。娇小辽西鸟个体很小，体长9厘米，但是头比较大，口中还有牙齿，颈部比较长。特别重要的是它的尾椎大部分已经愈合成尾综骨，但是比起其他大部分鸟类，它的尾综骨还是很长。在荐椎之后至少有4枚游离的尾椎没有愈合，后面的尾椎才愈合成较长的尾综骨（1.8厘米长），显示了由恐龙的长尾巴向鸟类尾综骨转换的中间环节。这件化石还告诉我们，恐龙向鸟类转化时尾综骨是尾椎从后向前愈合的。

　　尾巴的长短是限定早期鸟类飞行能力一个重要标志。始祖鸟是否具飞行能力至今仍然争论不休，主要是因为始祖鸟有一条长尾巴。娇小辽西鸟大部分尾椎已经愈合成了尾综骨，但是整个尾巴还不够短，所以即使会飞，它的飞行能力应该也不如现代鸟类那样强大。这让我们看到了由恐龙演化成鸟类过程中的一个重要环节。

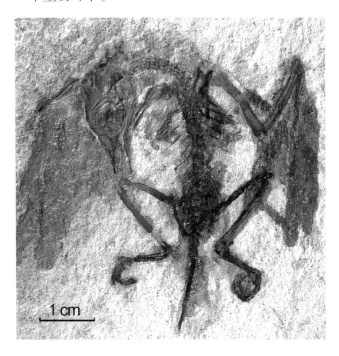

娇小辽西鸟化石（可见尾综骨和未愈合的游离尾椎）——陈丕基拍摄

孔子鸟

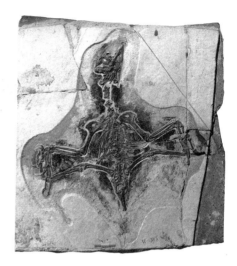

北票地区是热河动物群化石的中心产地，最令世人瞩目的是这里出土了许多震惊世界的原始的鸟化石，其中以孔子鸟最为著名，因此北票地区出土的化石，被命名为孔子鸟动物群。

北票地区出土的第一枚孔子鸟化石，是从一个当地群众手中征集到的，经过研究被命名为圣贤孔子鸟。据提供化石的人称，这只鸟化石是在北票四合屯采

孔子鸟孙氏种——引自侯连海，1997

集到的。后来，中国科学家多次组织考察和采集队，在北票四合屯地区发掘，终于找到了鸟类的墓地。到现在为止，四合屯已经出土的鸟类化石没有一个准确的数目，大概已经上千只了。仅孔子鸟就发现了四个种，分别是，圣贤孔子鸟、川州孔子鸟、孙氏孔子鸟和杜氏孔子鸟。

孔子鸟大小和鸡差不多，它们的嘴前端有一个喙，这是目前所发现的最早具有喙的古鸟化石，在这一点上，比始祖鸟先进。另外，孔子鸟的口中已经没有了牙齿，尾椎骨退化，尾综骨的雏形已经形成，这些都是鸟类的进步特征。

北票孔子鸟化石产地

三塔中国鸟

　　这是第一只在辽
西出土的中生代鸟
化石，正是由于三塔
中国鸟的发现才引发了后来辽西鸟类
化石以及带毛恐龙的连续发现高潮。1988年，辽
宁朝阳市胜利乡的一位化石爱好者闫志有写信给
北京自然博物馆报告发现了鸟化石，北京自然博物馆立即派饶成刚和本书作者李
建军前往鉴定。经过详细鉴定确信鸟类化石无疑，并由饶成刚和美国古生物学家
塞雷诺（P.Sereno）联合在美国世界权威性杂志《科学》上发表了研究成果，并
把这件化石命名为三塔中国鸟。

　　三塔中国鸟和麻雀一样大小，头骨和始祖鸟差不多，头骨短，嘴里有和始祖
鸟一样的牙齿，前肢上仍然有爪，已经有了鸟类所特有的叉骨，尾巴消失已经愈
合成明显的尾综骨，虽然没有发现羽毛，但是尾综骨的发现明白无误地证明了三
塔中国鸟曾经长有长长的尾羽。而且尾巴消失使得动物的重心明显向前移到前肢
上。很明显，三塔中国鸟的主要运动器官是前肢。依靠前肢为主要运动器官的陆

三塔中国鸟化石 + 复原图

生动物，都是把前肢变成了翅膀，也就是说，三塔中国鸟的飞翔能力是很强的，再看看后肢上的爪子，特别尖锐，而且弯曲，说明这样的脚是不会长期在陆地上行走的，特别适合于抓握树枝。因此，可以断定三塔中国鸟是飞翔能力很强的古代鸟类。三塔中国鸟生活在一亿二千多万年前的白垩纪早期。三塔中国鸟的发现激励了中国古生物工作者寻找鸟类化石的欲望，极大地促进了中国古脊椎动物学的发展。

辽西发现的其他鸟化石

自从1988年，辽西地区第一只中生代鸟化石——三塔中国鸟发现以来，这个地区至今已经出土了成百上千只鸟化石，不断有新种类的发现，从中国鸟开始，比较著名的有孔子鸟，长城鸟，辽西鸟，辽宁鸟，华夏鸟，神州鸟，热河鸟，燕鸟，会鸟，吉祥鸟等。这些发现震撼了整个古生物界，辽西地区成了全世界的热门地区，成了研究早期鸟类演化的热点地区。除了辽西以外，在内蒙古的鄂尔多斯也多次发现了中生代鸟化石，包括成吉思汗鄂托克鸟，查布华夏鸟，查布轭鞑鸟足迹，以及正在研究中新发现的鸟类化石等；在甘肃发现了甘肃鸟等。

目前，热河生物群化石的分布范围已不仅仅限于辽西地区，东到朝鲜，向南到长江以南地区，西到新疆准噶尔盆地，北到蒙古及俄罗斯东亚地区等地。相信在这一区域还会有越来越多的鸟类化石的发现。

结束语

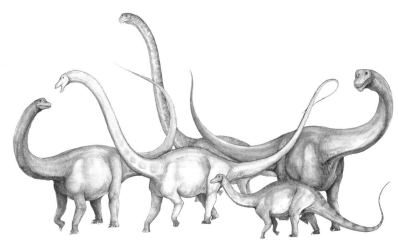

　　生命的历史至少有35亿年了！与之相比，我们每个人的人生都显得太短暂了。纵观整个生命进化史，从一开始的单细胞，到今天丰富多彩、数量众多的生物世界，这其中的变化翻天覆地。可是，对于我们的人生来说，我们的人生也太短暂了，这些演化简直太缓慢了，我们简直看不到这些变化！假如能活一亿年，我们就会看到山脉的隆起和消亡，就会看到恐龙的灭绝给哺乳动物腾出生存的空间，就能感受到从古猿到现代人的变化！可是现在我们只能从化石中追寻蛛丝马迹，去推断生命的演化历程。

　　了解了恐龙的灭绝和哺乳动物的发展历史，我们要感谢恐龙的灭绝，感谢白垩纪末期的那场灾难（如果有的话），才使得哺乳动物得以大发展，才使得人类得以出现。了解了生物演化过程，我们才知道今天的世界是几十亿年生命演化的结晶。生命演化还在继续，我们要珍惜生命，爱护环境、保护地球，维护来之不易的绿水青山，那才是我们的金山银山！

　　这本书写完了，虽然我们也做过一些科研和绘画工作，但是和整本书的内容来比，简直是微不足道。书中的大部分资料参考了许多其他科学家的研究成果。所以，首先要感谢科学家们一直以来的孜孜不倦的科学研究。在查阅相关资料的时候，我真是崇拜那些科学家们的科学精神和科学思想，更崇拜他们聪明的思维，才得到震惊世界的研究成果。

　　本书在写作过程中得到了很多朋友的支持和帮助，无私地将他们的科研成果的图片发给我使用。本书是在2020年抗击新冠疫情期间完成的，这期间更得到了家人的大力支持，爱人刘远征、妹妹李建平、弟弟李建钢等都替我承担了很多家务事，使我们有时间和精力能够坐在电脑前完成写作。

作者

2020 年 12 月 25 日星期五于北京